大学入試

"もっと身につく"
物理問題集
②熱力学・電磁気・原子

折戸正紀 編著

K教学社

はじめに

　大学入試で，物理は合否を大きく左右する科目です。試験での出来不出来の差が大きく，理系の受験生にとっては物理で失敗をしないことが大切です。逆に，うまくいけば高得点を取って，逆転合格の可能性もあります。大学入試，特に難関大の入試で求められる力は，問題文に対する読解力，状況を整理して物理の基本に結びつける力，物理の基礎を元にした思考力です。問題の解法のパターンを覚えたり，公式の丸暗記をしたりするだけでは，合格点には達しないでしょう。基礎を習得した後に，実際の入試問題に近い問題をたくさん解いて，これらの力を養うことが，非常に大切になってきます。

　本書には，長年多くの入試問題を解いてきた私が，これらの力を養うために適切だと思う問題を掲載しました。実際の入試問題をほぼそのままの形で掲載したものもありますが，学んでほしいことをはっきりさせるために改変を加えた問題や独自に作成した問題もあります。実際に授業で使用して，生徒たちの反応も見ながら，入試として基本的な問題から難問まで，実力を養うために最適な問題を精選しました。各問題のPointや解説には，私のノウハウを網羅して詰め込んだつもりです。ぜひこの問題集で，読解力，整理力，基礎を元にした思考力を身につけてほしいと思います。

　もし「この本の問題がまだまだ全然解けないなぁ」と感じる場合は，教科書や姉妹書『ちゃんと身につく物理（旧題：折戸の独習物理）』で，完璧でなくてもいいですから，まず基本の習得を目指してください。皆さんの健闘を祈ります。

折 戸 正 紀

こんな人にオススメ！

● 基礎を一通り学んだ後，志望校の過去問に取り組む前に
問題演習を行いたい人

● 志望校の過去問を解いてみたものの，あまり解けなかったので，
入試レベルの問題演習を行いたい人

● 志望校の過去問を解けるレベルに達しているものの，
もっと実戦力を身につけたい人

フィジクス君

☺ 実戦力が身につく72題を精選

本書には，入試問題に対応するための実力を養成できる問題を72題（熱力学15題，電磁気43題，原子14題）掲載しています。全ての問題を解けるようになれば，どのような入試問題にも対応できる力が身についているはずです。

☺ 「問題リスト」で
　自分に合った問題を選べる

「問題リスト」（p.9-12）には，本書に掲載している問題をまとめています。

以下のような場合に，活用してください。

☑ 時間がないから，重要問題だけを解きたい

☑ 難しい問題を解く自信はないから，
　易しい問題から解きたい

☑ 志望校では毎年，空所補充形式の問題が
　出題されているから，空所補充形式の問題を重点的に解きたい

チェック欄もつけていますから，問題を解いたら記入するようにしてください。まだ解いていない問題や苦手だった問題を，後で確認することができます。

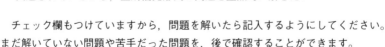

☺ 入試標準～入試やや難レベルの問題が中心

本書の全ての問題には難易度をつけています。難易度は5段階で，各問題番号の横に☺の数で示しています（難易度によって，表情も違います！）。

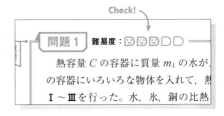

Check!

問題 1　難易度：☺☺☐☐☐

熱容量 C の容器に質量 m_1 の水が，の容器にいろいろな物体を入れて，熱Ⅰ～Ⅲを行った。水，氷，銅の比熱

本書は，難易度3，4の問題（入試標準～入試やや難レベルの問題）を中心に構成しています。

難易度1　☺☐☐☐☐　基本問題（教科書の章末問題レベルのとても易しい問題）

難易度2　☺☺☐☐☐　入試基本問題（入試としては易しい問題）

本書の
メイン
レベル　｜　難易度3　☺☺☺☐☐　入試標準問題（難関大では必ず解けないといけない問題）

難易度4　☹☹☹☹☐　入試やや難問題（難関大で合否を分ける問題）

難易度5　☹☹☹☹☹　入試難問題（一度やっておかないと解けない問題）

※本書の姉妹書である『ちゃんと身につく物理』には，難易度1，2に相当する例題や演習問題を多く掲載しています。

各設問にも，同様に難易度をつけています。難易度1，2の設問に歯が立たないようであれば，『ちゃんと身につく物理』でしっかり基礎を身につけてから，本書に取り組むことをオススメします。

…ある。また，この仕事を行ったとき…る。

…設問別難易度：**ア，イ，ウ，オ** ☺☐☐

Check!

本書の使い方

STEP 1 自力で解いてみる

　まずは参考書等を開かずに，自分の力だけで解けるかどうか試してみましょう。途中でつまずいたとしても，最後の設問までとにかく進んでみることが大切です。

STEP 2 Point を読む

　考え方が思いつかない設問や解答したものの自信がない設問があれば，最後の設問まで進んだ後に，Point を読んでみましょう。Point には，問題を解く上でのヒントを記載しています。

　各 Point にはどの設問に該当するかを示していますから，時間がなければ，自分に必要なものだけを読むのでも構いません。

Check!

> Point 1 ┃ 熱量の保存 ≫ (2), (5), (6)
>
> 　温度の異なる固体や液体を接触させたり混物体へ熱が移動する。このとき高温の物体が

　Point に記載されている基本事項や公式の理解が曖昧な場合には，姉妹書『ちゃんと身につく物理』や教科書に戻って必ず確認するようにしましょう。

ブツリヲマナブヒト
ハッケン！

physics
フィジクス君

先生の解説を横取りして解説したがる，物理大好きロボット。
物理を学ぶ人がいるとセンサーが反応して，胸のマークが光る。

　　尊敬する人：先生，アイザック・ニュートン
　　好きなもの：りんご（特にアップルパイ）
　　得意なこと：実験器具のかたづけ
　　苦手なもの：怖い映画

STEP

③ 解答を確認する

解答では，答えに至るまでの詳細な考え方を記載しています。最終的な答えを確認するだけでなく，答えに至るまでの考え方も確認するようにしましょう。

解答には，スペースの許す限り，別解や参考を記載しました。別解に記載された解法でも答えにたどり着けることを確認してみましょう。また，参考はややハイレベルな内容を含みますが，難関大合格を目指す人ならぜひ身につけておきたい内容です。別解，参考ともに，読んで理解すれば，実力アップにつながるはずです。

STEP

④ 「問題リスト」のチェック欄に記入する

STEP ③ まで完了したら，忘れないうちに「問題リスト」(p.9-12) の チェック欄 に記入しましょう。

解いた「日付」だけでなく，自分への「評価」を記入しておけば，問題集を全て解き終えた後，再度取り組む際に役立ちます。「メモ」の欄には，「(5)は難しかったので要復習」「難易度2の小問だけ解いた」など，特記事項があれば記入しておくとよいでしょう。

全ての問題を解く時間がない人は

本書に掲載した全ての問題に取り組んでほしいと思いますが，どうしても時間がない人は，重要マークがついた問題を中心に取り組むとよいでしょう。

また，志望校が難関大であったとしても，入試問題の難易度が高くない場合は，難易度5の問題をとばしても構いません。難易度4までの問題を解きましょう。

※時間がある人は，難易度5の問題にもぜひチャレンジしてください。難易度5の問題が解けるようになれば，相当の力が身についているはずです。

目 次

CONTENTS

第1章 熱力学

第2章 電磁気

第3章 原子

問題リスト

本書に掲載している問題を一覧にしました。

特定の難易度やテーマ，形式の問題だけを解きたいときには，索引として使ってください。

問題を解いた後には チェック欄 に記入すれば，後で確認する際に役立ちますよ。

「メモ」には，解けなかった小問や難しかった小問を記入するのがオススメです。

評価の記入例

◎…Point を見ずに解けた。

○…Point を見たら解けた。

△…Point を見ても，一部の問題は解けなかった。

×…Point を見ても，ほとんどの問題が解けなかった。

第 1 章 熱力学

SECTION	重要マーク	問題番号	難易度	テーマ	形式	日付	評価	メモ	ページ番号
1	★	1	☺☺☺☐☐	熱量の保存，比熱，潜熱					16
	★	2	☺☺☐☐☐	熱機関	空所補充				18
		3	☺☺☺☐☐	熱気球，気体の密度，浮力					20
2	★	4	☺☺☺☐☐	気体分子運動論	空所補充				23
		5	☺☺☺☺☐	断熱変化，気体分子運動論	空所補充				26
	★	6	☺☺☐☐☐	定積モル比熱，定圧モル比熱					29
	★	7	☺☺☺☺☐	仕事，熱力学第 1 法則					31
		8	☺☺☺☐☐	水圧，浮力					35
		9	☺☺☺☺☐	仕事，熱力学第 1 法則					38
	★	10	☺☺☺☐☐	熱機関，熱効率					41
		11	☺☺☺☺☐	定積変化，等温変化の仕事					44

解き方のコツ

　物理の問題の解き方のコツをまとめました。日頃から，これらのコツを意識して問題演習に取り組めば，入試本番でコツが使いこなせるはずです。

問題文をしっかり読む

　難易度が標準レベル以上の入試問題になると，問題文が長い場合が多くなります。まず，問題文をしっかりと読むことが大切です。問題文中に解くための条件や仮定などが書かれている場合もあります。ときには，ヒントが書いてある場合もあります。

　「どうしてもわかりません…」と質問に来る生徒の中には，問題文に書いてあることを読み飛ばしている場合が多く見られます。問題文をしっかりと読み，条件や，与えられている物理量，解答に使える文字などには線を引くなどして明確にすることが大切です。

状況を整理して，適用する基本事項を考える

　問題文を読み，テーマとなっている物理現象をしっかりと把握して整理することが大切です。全体としては初めて見るような物理現象でも，状況を整理すれば一つ一つの設問は高校で学んだ基本事項で答えられるはずです。状況をしっかりと整理することで，高校物理のどの基本事項を適用すればよいのかを考えていきます。

　物理の入試問題に，高度なテクニックは不要です。問題の内容をしっかり整理して，基本事項を適用するだけでほとんどの問題は解けます。

誘導に従って考える

　誘導形式の問題，特に空所補充の問題では，とにかく誘導に従って一つ一つの設問に答えることが大切です。全体の流れを見通すことが大切なのですが，難問ではなかなかそうはいきません。極端な話，「よくわからないけど問題文で指示されたとおりに答えていこう」でもいいです。とにかく，一つでも多くの設問に答えることです。その上で，問題全体で扱われている物理現象について，じっくり考えるようにしましょう。

空所補充形式が苦手な人は，「問題リスト」(p.9-12) を活用して，空所補充の問題を重点的に解いてみよう！

💡 文字指定に注意

　解答は原則として問題のリード文中にある物理量の文字を使って答えること。また各設問の指示に従って答えてください。解答に使ってよい文字が指定されている場合は，それを確認することが必須です。

　解く過程で必要となる物理量は自由に使って構いませんが，問題文で触れられていない場合は，最終的な解答に含めてはいけません。

💡 最後の設問まで目を通す

　途中の設問でつまずいても，そこで終わってしまうのではなく，最後の設問まで目を通すことが大切です。難しい設問の後に，簡単に解ける問題がくることもよくあります。

　難関大の二次・個別試験では，合格に必要な得点率はそれほど高くありません。少しでも合格点に近づけるように，途中であきらめずに，一つでも多くの設問に答えることが大切です。

第1章 熱力学

熱力学は，法則や公式が少ない分野だよ。
基本をしっかり学んでいれば，難しい問題
にも対応できるはず。
重要問題を中心に演習を繰り返して，得意
分野にしよう！

熱とエネルギー

問題1 難易度：🔵🔵🔵⚪⚪

　熱容量 C の容器に質量 m_1 の水が入れてある。全体の温度は t_1 である。この容器にいろいろな物体を入れて，熱平衡に達したときの温度を測定する**実験 I～III** を行った。水，氷，銅の比熱をそれぞれ c_w，c_i，c_k，氷の融解熱を L とする。また，温度はいずれも摂氏温度で，容器および水と外部との間に熱の出入りはないものとする。

実験 I. 質量 M で温度 t_2 $(t_2 > t_1)$ の銅球を入れた。

(1) 容器に水のみが入った状態での全体の熱容量を求めよ。

(2) 熱平衡に達したときの全体の温度を求めよ。

(3) 銅球を入れてから熱平衡に達するまでに，容器と水が得た熱量の合計を求めよ。

実験 II. 質量 m_2 で温度 $-t_3$ の氷を入れると，氷は全て融解し，全体の温度は t_4 になった。

(4) 氷が温度 t_4 の水になるまでに得た熱量を求めよ。

(5) t_4 を求めよ。

実験 III. 質量 m_3 で温度 $-t_3$ の氷を入れると，全体が熱平衡に達しても，氷の一部が融解せずに残っていた。

(6) 熱平衡に達したときに融解せずに残っている氷の質量を求めよ。

⟫ 設問別難易度：(1)🔵⚪⚪⚪⚪　(2)～(4)🙂🔵⚪⚪⚪⚪　(5),(6)🔵🔵🔵⚪⚪

Point 1 ┊ 熱量の保存　≫ (2), (5), (6)

　温度の異なる固体や液体を接触させたり混ぜたりする場合，高温の物体から低温の物体へ熱が移動する。このとき高温の物体が失った熱量と低温の物体が得た熱量は等しい。これを熱量の保存という。

Point 2 ┊ 状態変化　≫ (4), (6)

　一般に，物質が固体，液体，気体の間で状態が変化する間は，温度が一定で変化しない。このとき，温度が一定の状態で熱（融解熱，蒸発熱）が出入りする。

解答 **(1)** 水の熱容量は m_1c_w であるので，全体の熱容量は $\quad C+m_1c_w$

(2) 銅球の熱容量は Mc_k である。熱平衡に達したときの温度を t とする。熱量の保存より

$$(C+m_1c_w)(t-t_1)=Mc_k(t_2-t)$$

$$\therefore \quad t=\frac{(C+m_1c_w)t_1+Mc_kt_2}{C+m_1c_w+Mc_k}$$

(3) $\quad (C+m_1c_w)(t-t_1)=\dfrac{Mc_k(C+m_1c_w)(t_2-t_1)}{C+m_1c_w+Mc_k}$

別解 銅球の失った熱量を求めてもよい。

$$Mc_k(t_2-t)=\frac{Mc_k(C+m_1c_w)(t_2-t_1)}{C+m_1c_w+Mc_k}$$

(4) 氷はまず①0℃ まで温度が上がり，さらに②融解して水になり，そして③温度が 0℃ から t_4 になる。それぞれで得た熱量を Q_1, Q_2, Q_3 とすると

 ① $Q_1=m_2c_i\{0-(-t_3)\}=m_2c_it_3$

 ② $Q_2=m_2L$

 ③ $Q_3=m_2c_w(t_4-0)=m_2c_wt_4$

合計は

$$Q_1+Q_2+Q_3=m_2(c_it_3+L+c_wt_4)$$

(5) 熱量の保存より，(4)で求めた熱量が，容器と水が失った熱量に等しいので

$$m_2(c_it_3+L+c_wt_4)=(C+m_1c_w)(t_1-t_4)$$

$$\therefore \quad t_4=\frac{(C+m_1c_w)t_1-m_2(c_it_3+L)}{C+(m_1+m_2)c_w}$$

(6) 氷の一部が融解せずに残っているので，全体の温度は 0℃ になっている。すなわち氷について考えると，①氷の全部が 0℃ になり，②氷の一部が融解して水になったということである。融解せずに残った氷の質量を Δm とすると，氷が得た熱量は

$$m_3c_i\{0-(-t_3)\}+(m_3-\Delta m)L=m_3c_it_3+(m_3-\Delta m)L$$

熱量の保存より，これが容器と水が失った熱量に等しいので

$$m_3c_it_3+(m_3-\Delta m)L=(C+m_1c_w)(t_1-0)$$

$$\therefore \quad \Delta m=\frac{m_3(c_it_3+L)-(C+m_1c_w)t_1}{L}$$

以下の空欄のア〜カに入る適切な値を答えよ。ただし，水の比熱を 4.2 J/(g·K) とする。

高温熱源から吸収した熱の一部を仕事に変換し，残りの熱を低温熱源に放出することを連続的に繰り返す装置を熱機関という。熱機関の熱効率は，　ア　より必ず小さい。

熱効率が 0.30 の熱機関について考える。この熱機関に高温熱源から 2.4×10^4 J の熱を与えたとき，熱機関がする仕事は　イ　J である。この熱機関では低温熱源として 10℃ の水を取り込み，90℃ の水にして排出するようになっている。排出される水の質量が 0.25 kg のとき，熱機関から放出された熱量は　ウ　J で，高温熱源から熱機関に与えた熱量は　エ　J である。

この熱機関によって，摩擦のない水平な平面上に静止していた質量が 3.6×10^3 kg の物体を，速さ 72 km/h まで加速した。この物体が得た力学的エネルギーは　オ　J である。また，この仕事を行ったときに排出された水の質量は　カ　kg である。

設問別難易度 : ア, イ, ウ, オ 🙂◻◻◻◻　エ, カ 🙂🙂◻◻◻

Point | 熱機関　》 ア, イ, エ, カ

熱を繰り返し仕事に変える装置を**熱機関**という。高温熱源から得た熱量を Q_{IN}，した仕事を W，低温熱源に放出した熱量を Q_{OUT} とすると，熱力学第 1 法則より

$$W = Q_{IN} - Q_{OUT}$$

が成り立つ。また，熱力学第 2 法則より Q_{OUT} を 0 にすることはできない。Q_{IN} に対する W の割合を**熱効率** e という。

$$e = \frac{W}{Q_{IN}} = \frac{Q_{IN} - Q_{OUT}}{Q_{IN}} = 1 - \frac{Q_{OUT}}{Q_{IN}}$$

となる。$Q_{OUT} > 0$ より $e < 1$ である。

解答　ア．低温熱源が高温熱源から得た熱量を Q_{IN}〔J〕，熱機関がした仕事を W〔J〕とする。エネルギー保存則（熱力学第 1 法則）より，熱機関は，高温熱源が得た熱以上の仕事をすることはできない。また，熱力学第 2 法則より，低温熱源に放出する熱が必ず存在する。ゆえに，$Q_{IN} > W$ となるので，熱機関の熱効率は，必ず **1** 未満である。

イ．熱効率が 0.30 なので，この熱機関がする仕事は
$$2.4 \times 10^4 \times 0.30 = 7.2 \times 10^3 \text{ J}$$

ウ．比熱の単位が $[J/(g \cdot K)]$ であることに注意する。水の質量 $0.25\,\mathrm{kg}$
$=250\,\mathrm{g}$ なので

$$4.2 \times 250 \times (90-10) = 8.4 \times 10^4\,\mathrm{J}$$

エ．高温熱源から得た熱のうち，低温熱源に放出される熱の割合は

$$1 - 0.30 = 0.70$$

である。ゆえに，ウの結果を用いて

$$\frac{8.4 \times 10^4}{0.70} = 1.2 \times 10^5\,\mathrm{J}$$

オ．速さ $72\,\mathrm{km/h}$ は

$$72\,\mathrm{km/h} = \frac{72}{3.6}\,\mathrm{m/s} = 20\,\mathrm{m/s}$$

なので，物体の得た力学的エネルギーを $K\,[J]$ とすると

$$K = \frac{1}{2} \times 3.6 \times 10^3 \times 20^2 - 0 = 7.2 \times 10^5\,\mathrm{J}$$

カ．熱機関のした仕事が物体の得た運動エネルギー K となる。熱効率が 0.30
なので，高温熱源から得た熱 Q_{IN} は

$$K = 0.30 Q_{\mathrm{IN}} \qquad \therefore \quad Q_{\mathrm{IN}} = \frac{K}{0.30}$$

これより，水に放出した熱を $Q_{\mathrm{OUT}}\,[J]$ とすると

$$Q_{\mathrm{OUT}} = (1-0.30)Q_{\mathrm{IN}} = 0.70 \times \frac{K}{0.30} = \frac{0.70 \times 7.2 \times 10^5}{0.30} = 1.68 \times 10^6\,\mathrm{J}$$

ゆえに，このために必要な水の質量を $m\,[\mathrm{kg}] = m \times 10^3\,[\mathrm{g}]$ とすると

$$Q_{\mathrm{OUT}} = 4.2 \times m \times 10^3 \times (90-10)$$

$$\therefore \quad m = \frac{1.68 \times 10^6}{4.2 \times 10^3 \times (90-10)} = 5.0\,\mathrm{kg}$$

　右図のように，球皮とゴンドラからなる熱気球を考える。球皮は熱を通さない軽い布からできていて，内部の圧力によって体積が変化する。球皮の下部には開閉できる弁があり，弁が開いているときは気体は外部と自由に出入りでき，閉じているときは気体は密封されている。また，球皮の下部にはバーナーがあり，気体に熱を与えることができる。

球皮内の気体を除いた熱気球の質量は m である。大気と球皮内の気体は同じ種類の理想気体であるとし，そのモル質量は M で，大気の絶対温度 T_A は高度によらず一定であるとする。また，気体定数を R とする。

　球皮の弁が開いている状態での球皮内の気体の温度は T であった。熱気球は地面に接したままで，地上での大気の圧力は P_1 である。

(1)　球皮内の気体の密度 d を求めよ。

　このときの球皮の体積は V_1 であった。球皮内の気体を加熱し温度を T_1 とすると，熱気球は地面から浮き上がった。このときの大気と球皮内の気体の密度をそれぞれ ρ_1, d_1 とする。

(2)　d_1 を m, V_1, ρ_1 で表せ。

(3)　T_1 を T_A, m, V_1, ρ_1 で表せ。

　次に弁を閉じ，球皮内の気体にゆっくり熱を与えたところ，球皮は膨張し，熱気球はゆっくり上昇した。球皮内の気体の温度が T_2，球皮の体積が V_2 となった位置で加熱をやめると，熱気球は静止した。

(4)　球皮内の気体の圧力と密度を，P_1, V_1, V_2, T_1, T_2, d_1 のうち，必要な文字を用いてそれぞれ求めよ。

(5)　熱気球が静止した高さでの大気の圧力を，P_1, V_1, V_2, T_1, T_2 のうち，必要な文字を用いて求めよ。

Point 1　気体の密度　》》(1), (3), (4), (5)

　温度 T，圧力 P の状態で，モル質量（物質量 1 mol あたりの質量）M の気体の密度 ρ は，気体定数を R として

$$\rho = \frac{PM}{RT}$$

で，圧力に比例し温度に反比例する。この式を密度は体積あたりの質量であることより，すぐに導けるようにしておくこと（詳細は(1)の解答参照）。

Point 2 気体中での浮力 ≫ (2)

気体中の物体には，高さによる気体の圧力の違いにより，水中の物体と同様に浮力がはたらく。つまり，**浮力の大きさは，物体の体積と同体積の周囲の気体の重力の大きさと等しい。**通常は気体中での浮力は小さく，無視をする場合が多いが，本問のような熱気球の問題では考える必要がある。

解答 (1) 熱気球は地面に接したままなので，球皮内の気体の圧力は地上での大気の圧力と同じ P_1 である。圧力 P_1 で任意の体積 V の気体について考える。この気体の物質量を n として，気体の状態方程式より

$$P_1 V = nRT \quad \therefore \quad V = \frac{nRT}{P_1}$$

この気体の質量は nM なので，密度 d は

$$d = \frac{nM}{V} = \frac{nM}{\dfrac{nRT}{P_1}} = \frac{P_1 M}{RT} \quad \cdots ①$$

(2) 熱気球が浮かび上がるとき，地面からの垂直抗力が 0 となり，球皮にはたらく浮力が，熱気球（球皮とゴンドラ），および球皮内の気体にはたらく重力とつり合っている。重力加速度の大きさを g とすると，球皮の体積 V_1 より，球皮にはたらく浮力は $\rho_1 V_1 g$，球皮内の気体の重力は $d_1 V_1 g$ なので

$$\rho_1 V_1 g - mg - d_1 V_1 g = 0 \quad \therefore \quad d_1 = \rho_1 - \frac{m}{V_1} \quad \cdots ②$$

(3) ①式を，大気と球皮内の気体に適用する。いずれも圧力は P_1 であるので

$$\rho_1 = \frac{P_1 M}{RT_A} \quad , \quad d_1 = \frac{P_1 M}{RT_1}$$

これより d_1 は

$$d_1 = \frac{T_A}{T_1} \rho_1$$

これを②式に代入して，T_1 について解くと

$$T_1 = \frac{\rho_1 V_1}{\rho_1 V_1 - m} T_A$$

(4) 熱気球が静止したときの球皮内の気体の圧力を P_2 とする。球皮の弁は閉じられており，気体が密閉されているので，ボイル・シャルルの法則が成り立つ。ゆえに

$$\frac{P_1 V_1}{T_1} = \frac{P_2 V_2}{T_2} \quad \therefore \quad P_2 = \frac{T_2 V_1}{T_1 V_2} P_1$$

また，球皮内の気体の質量は変化しないので，熱気球が静止したときの球皮

内の気体の密度を d_2 として

$$d_1 V_1 = d_2 V_2 \qquad \therefore \quad d_2 = \frac{V_1}{V_2} d_1 \quad \cdots ③$$

別解　$d_2 = \dfrac{P_2 M}{R T_2}$ より，P_2 を代入して

$$d_2 = \frac{T_2 V_1}{T_1 V_2} P_1 \cdot \frac{M}{R T_2} = \frac{P_1 M}{R T_1} \cdot \frac{V_1}{V_2} = \frac{V_1}{V_2} d_1$$

(5) 熱気球が静止した高さでの大気の密度を ρ_2 とする。熱気球にはたらく力のつり合いから

$$\rho_2 V_2 g - mg - d_2 V_2 g = 0 \qquad \therefore \quad \rho_2 V_2 = d_2 V_2 + m$$

③式の d_2，さらに②式の d_1 を代入して

$$\rho_2 V_2 = \frac{V_1}{V_2} d_1 \times V_2 + m = V_1 \times \left(\rho_1 - \frac{m}{V_1} \right) + m = \rho_1 V_1$$

$$\therefore \quad \rho_2 = \frac{V_1}{V_2} \rho_1$$

大気の温度は一定なので，①式より密度と圧力は比例する。ゆえに，熱気球が静止した高さでの大気の圧力を P として

$$P_1 : P = \rho_1 : \rho_2 \qquad \therefore \quad P = \frac{\rho_2}{\rho_1} P_1 = \frac{V_1}{V_2} P_1$$

気体分子の運動

熱力学

SECTION 2

重要

問題 4 | 難易度：😊😊😊▢▢

以下の空欄のア〜クに入る適切な式を答えよ。

半径 r の球形容器に物質量 n〔mol〕の単原子分子の
理想気体が入っている。気体分子 1 個の質量は m であ
る。分子は容器の内壁に弾性衝突するものとし，分子ど
うしの衝突は無視できるものとする。また，アボガドロ
数を N_A とする。図 1 に示すように，速さ v で球の中心
O を通る面内を運動している 1 つの分子に注目する。

図 1

分子が容器の内壁に角 θ で衝突する前後で，内壁に与える力積の大きさは $\boxed{\quad ア \quad}$ であり，向きは球の法線方向外向きである。分子が衝突してから次に衝突するまでに移動する距離は $\boxed{\quad イ \quad}$ なので，分子は単位時間に $\boxed{\quad ウ \quad}$ 回，内壁と衝突する。容器内の分子の速さの 2 乗の平均値を $\overline{v^2}$ とすると，容器内の全分子が内壁に与える力は $\boxed{\quad エ \quad}$ となるので，容器の内壁での気体の圧力 p を，容器の体積 V と m，n，N_A，$\overline{v^2}$ で表すと

$$p = \boxed{\quad オ \quad} \quad \cdots ①$$

となる。容器内の気体の温度を T，気体定数を R として，気体の状態方程式と①式より，気体分子 1 個の運動エネルギーの平均値 E を N_A，T，R で表すと

$$E = \boxed{\quad カ \quad}$$

となる。これより，容器内の気体の内部エネルギー U を n，T，R で表すと

$$U = \boxed{\quad キ \quad}$$

となる。ここで，$k = \dfrac{R}{N_A}$ として，k をボルツマン定数と呼び，$k = 1.38 \times 10^{-23}$ J/K である。これより，温度 $T = 300$ K の気体分子 1 個の運動エネルギーの平均値は $\boxed{\quad ク \quad}$ となる。

設問別難易度：ア〜エ, キ 😊😊▢▢▢　　オ, カ, ク 😊😊😊▢▢

Point | 気体分子運動論，気体の内部エネルギー ≫ ア〜ク

気体分子 1 個と容器の内壁との衝突から，分子の速度と気体の圧力や温度との関係

が導かれる。その関係は，容器の形状によらない。また，温度 T での気体分子 1 個の運動エネルギーの平均値を E とすると，気体定数を R，アボガドロ数を N_A として

$$E = \frac{3RT}{2N_A}$$

となる。物質量 n の気体では分子数は nN_A 個であるので，全分子の運動エネルギーの和は

$$nN_A E = \frac{3}{2}nRT$$

となる。単原子分子理想気体であれば，全分子の運動エネルギーの和が気体の内部エネルギーである。逆に，気体の内部エネルギーから E を導けるようにしておくこと。

　二原子分子，三原子分子などでは，運動エネルギーだけでなく，分子の回転エネルギーを加えたものが気体の内部エネルギーとなるので，単原子分子より大きくなる。

解答　ア．図 2 の点 A で衝突する前後の分子 1 個の運動量の
　　　変化は

$$mv\cos\theta - (-mv\cos\theta) = 2mv\cos\theta$$

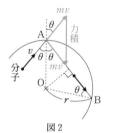

これが，分子に与えられた力積である。作用・反作用
の法則より，内壁に与えた力積は同じ大きさで逆向き
であるから　　$2mv\cos\theta$

イ．図 2 より，AB 間の距離は　　$2r\cos\theta$

図 2

ウ．単位時間に分子は距離 v だけ進むので，衝突回数は

$$\frac{v}{2r\cos\theta} \text{ 回}$$

エ．分子が内壁に与える力は，単位時間あたりの力積なので

$$2mv\cos\theta \times \frac{v}{2r\cos\theta} = \frac{mv^2}{r}$$

となる。これより，分子 1 個が内壁に与える力の大きさの平均を $\overline{f}$ とする

と，$\overline{f} = \frac{m\overline{v^2}}{r}$ である。容器内の全分子が単位時間に内壁に与える力積の和

が力である。容器内の分子数は nN_A であるので，力の大きさを F として

$$F = nN_A \times \overline{f} = \frac{nN_A m\overline{v^2}}{r}$$

オ．球形容器の内壁の表面積は $4\pi r^2$ なので，気体の圧力 p は，力 F を表面積
　　で割って

$$p = \frac{F}{4\pi r^2} = \frac{n N_A m \overline{v^2}}{4\pi r^3}$$

ここで，球形容器の体積 $V = \dfrac{4\pi r^3}{3}$ より

$$p = \frac{n N_A m \overline{v^2}}{3V} \quad \cdots\text{①}$$

カ．気体の状態方程式より

$$pV = nRT \quad \cdots\text{②}$$

①，②式より p，V および n を消去して

$$\frac{N_A m \overline{v^2}}{3} = RT$$

$$\therefore \quad m\overline{v^2} = \frac{3RT}{N_A}$$

分子1個の運動エネルギーの平均値 $E = \dfrac{1}{2} m\overline{v^2}$ より

$$E = \frac{1}{2} m\overline{v^2} = \frac{3RT}{2N_A} \quad \cdots\text{③}$$

キ．単原子分子理想気体の内部エネルギーは，分子の運動エネルギーの和である。ゆえに

$$U = n N_A \times E = \frac{3}{2} nRT$$

ク．③式より

$$E = \frac{3RT}{2N_A} = \frac{3}{2} kT = \frac{3}{2} \times 1.38 \times 10^{-23} \times 300 = 6.21 \times 10^{-21} \text{ J}$$

以下の空欄のア〜コに入る適切な式を答えよ。

図1のように断面積 S のシリンダーとなめらかに動くピストンで，物質量 n の単原子分子理想気体が密封されている。シリンダーの長さ方向に x 軸，直角方向に y 軸，z 軸をとる。シリンダーとピストンは断熱材でできており，初めシリンダーの底面からピストンまでの距離は L である。気体定数を R，アボガドロ数を N_A とする。

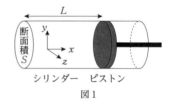

図1

シリンダー内の気体の温度を T とすると，気体の内部エネルギー $U=$ [ア] である。また，シリンダー内の気体分子の質量を m，速度の2乗平均を $\overline{v^2}$ とすると，$U=$ [イ] と表せる。

次に，ピストンを一定の速さ u で押し込める。図2は z 軸方向から見たピストン付近の図である。速さ v で，速度の x，y，z 成分がそれぞれ v_x，v_y，v_z の分子について考える。分子とピストンが弾性衝突をし，分子

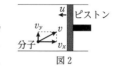

図2

の速度の x 成分が $v_x{}'$ になったとする。$v_x{}'$ を v_x，u で表すと，$v_x{}'=$ [ウ] である。$v_x \gg u$ とすると，1回の衝突での分子の運動エネルギーの変化量 ΔE は，u^2 の項を無視できるので，$\Delta E=$ [エ] となる。

気体分子がシリンダーを x 方向に往復し，再びピストンに衝突するまでの時間は，ピストンの動きによらず $\dfrac{2L}{v_x}$ であるとし，衝突ごとに ΔE だけ運動エネルギーが変化するものとする。この分子の時間 Δt の間の運動エネルギーの変化量 E を L，m，v_x，u，Δt で表すと，$E=$ [オ] となる。

速度の x 成分の2乗平均を $\overline{v_x{}^2}$ とすると，$\overline{v_x{}^2}=\dfrac{\overline{v^2}}{3}$ の関係がある。これより，時間 Δt での全分子の運動エネルギーの変化量＝内部エネルギーの変化量 ΔU と考えると，$\Delta U=$ [カ] となる。初めの気体の体積を V，時間 Δt の間の体積変化を ΔV とすると，L，u，Δt を用いて，$\dfrac{\Delta V}{V}=$ [キ] である。[イ]，[カ]，[キ] より，$\dfrac{\Delta U}{U}$ を V，ΔV で表すと，$\dfrac{\Delta U}{U}=$ [ク] となる。

また，この間の気体の温度変化を ΔT とする。$\dfrac{\Delta U}{U}$ を T，ΔT で表すと，$\dfrac{\Delta U}{U}=$ [ケ] となる。[ク]，[ケ] より，T，ΔT，V，ΔV の関係は，

$$\frac{\Delta T}{T} = \boxed{\quad \text{コ} \quad} \text{となる。}$$

∴設問別難易度：ア ▣□□□□　イ ▣▣□□□　ウ〜キ,ケ ▣▣▣□□　ク,コ ▣▣▣▣□

Point　断熱変化　≫ ウ〜コ

　本問のように，熱の出入りがない状態でピストンを動かして気体を圧縮（または膨張）させるのは**断熱変化**である。本問は**断熱圧縮**を気体分子の運動からとらえたものである。ピストンとの衝突により分子の速さが増すことで，内部エネルギーが増加し温度が上昇する（ピストンを逆に動かすと，分子の速さは減少して温度は下降する。これが断熱膨張である）。

　単原子分子理想気体の断熱変化では，圧力 p，体積 V，温度 T の間に

$$pV^{\frac{5}{3}} = \text{一定} \quad \text{また} \quad TV^{\frac{2}{3}} = \text{一定}$$

の関係がある。最後の空欄コはやや難しいが，**参考**にあるように，この公式を微分して確かめることもできる。

解答　ア．ピストン内の単原子分子理想気体の物質量は n なので

$$U = \frac{3}{2}nRT \quad \cdots ①$$

　　　イ．単原子分子理想気体の内部エネルギーは，気体分子の運動エネルギーの総和である。気体分子の総数は nN_A で，1個の分子の運動エネルギーの平均は $\frac{1}{2}m\overline{v^2}$ としてよいので

$$U = nN_A \times \frac{1}{2}m\overline{v^2} = \frac{1}{2}nN_A m\overline{v^2} \quad \cdots ②$$

　　　ウ．ピストンの速さは一定で，気体分子との衝突でも変化しない。弾性衝突であるので反発係数は 1 と考えて，反発係数の式より

$$1 = -\frac{v_x' - (-u)}{v_x - (-u)} \quad \therefore \quad v_x' = -v_x - 2u$$

　　　参考　$|v_x'| = |-(v_x + 2u)| = v_x + 2u$

　　　となり，衝突により分子の速さは速くなっていることがわかる。

　　　エ．運動エネルギーの変化量 ΔE は，u^2 を含む項を消去して

$$\Delta E = \frac{1}{2}m(v_x'^2 + v_y^2 + v_z^2) - \frac{1}{2}m(v_x^2 + v_y^2 + v_z^2)$$

$$= \frac{1}{2}m(-v_x - 2u)^2 - \frac{1}{2}mv_x^2 = 2muv_x + 2mu^2 \fallingdotseq 2muv_x$$

オ．時間 Δt の間に，分子はピストンと $\dfrac{v_x \Delta t}{2L}$ 回衝突する。分子は1回の衝突

で $\Delta E = 2mu v_x$ だけエネルギーを得るので

$$E = 2mu v_x \times \frac{v_x \Delta t}{2L} = \frac{mu v_x^2 \Delta t}{L}$$

カ．分子1個の運動エネルギーの変化量の平均は，オより $\dfrac{mu\overline{v_x^2}\Delta t}{L}$ となる。

時間 Δt での全分子の運動エネルギーの変化量は，$\overline{v_x^2} = \dfrac{\overline{v^2}}{3}$ も用いて

$$\Delta U = nN_A \times \frac{mu\overline{v_x^2}\Delta t}{L} = \frac{nN_A mu\overline{v^2}}{3L}\Delta t \quad \cdots ③$$

キ．ピストンの移動量は $u\Delta t$ なので，体積が減少することに注意して

$$\Delta V = -uS\Delta t$$

また，$V = SL$ であるので

$$\frac{\Delta V}{V} = \frac{-uS\Delta t}{SL} = -\frac{u}{L}\Delta t \quad \cdots ④$$

ク．②～④式より

$$\frac{\Delta U}{U} = \frac{\dfrac{nN_A mu\overline{v^2}}{3L}\Delta t}{\dfrac{1}{2}nN_A m\overline{v^2}} = \frac{2u\Delta t}{3L} = -\frac{2\Delta V}{3V} \quad \cdots ⑤$$

ケ．内部エネルギーは $\Delta U = \dfrac{3}{2}nR\Delta T$ である。これと①式より

$$\frac{\Delta U}{U} = \frac{\dfrac{3}{2}nR\Delta T}{\dfrac{3}{2}nRT} = \frac{\Delta T}{T} \quad \cdots ⑥$$

コ．⑤，⑥式より

$$\frac{\Delta T}{T} = -\frac{2\Delta V}{3V}$$

参考 単原子分子理想気体の断熱変化では

$$TV^{\frac{2}{3}} = C \quad （ただし，C は定数）$$

が成り立つ。これを，$T = \dfrac{C}{V^{\frac{2}{3}}}$ と変形して，V で微分すると

$$\frac{\Delta T}{\Delta V} = -\frac{2}{3}\frac{C}{V^{\frac{5}{3}}} = -\frac{2}{3}\frac{C}{V \cdot V^{\frac{2}{3}}} = -\frac{2T}{3V} \qquad \therefore \quad \frac{\Delta T}{T} = -\frac{2\Delta V}{3V}$$

問題6 難易度：☺☺▢▢▢

物質量 n〔mol〕の理想気体をピストンがついたシリンダーの中に封入した。気体の定積モル比熱は C_V，定圧モル比熱は C_P である。シリンダーとピストンは断熱材でできているが，内部に気体を加熱，冷却することのできる熱交換器がある。気体の圧力 p_1，体積 V_1，温度 T_A の状態 A から，体積を一定に保ったまま圧力 p_2 $(p_2 < p_1)$，温度 T_B の状態 B に，次に圧力を一定に保ったまま体積 V_2 $(V_1 < V_2)$，温度 T_A の状態 C に状態変化させた。これらの変化について，気体の圧力 p と体積 V の関係を描くと右図のようになる。ただし，右図の破線は温度 T_A の等温曲線である。

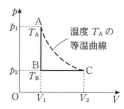

(1) A→B の変化と B→C の変化で，気体に与えた熱を n, C_V, C_P, T_A, T_B のうち必要な文字を用いてそれぞれ表せ。また，A→B→C の変化で気体に与えた熱 Q を n, C_V, C_P, T_A, T_B のうち必要な文字を用いて表せ。

(2) A→B→C の変化で気体が外部にする仕事を p_1, p_2, V_1, V_2 のうち必要な文字を用いて表せ。また，A→B→C の変化における気体の内部エネルギーの変化を求めよ。

(3) A→B→C の変化で気体が吸収する熱 Q を p_1, p_2, V_1, V_2 のうち必要な文字を用いて表せ。

(4) 気体定数を R とする。(1)，(3)の結果より，C_V と C_P の関係を R を用いて表せ。

(5) B→C の変化で気体が吸収した熱を n, C_V, R, T_A, T_B を用いて表せ。

∴ 設問別難易度：(1)〜(3)☺☺▢▢▢　(4),(5)☺☺☺▢▢

Point 1 定積モル比熱，定圧モル比熱　》 (1), (4)

定積モル比熱を C_V，定圧モル比熱を C_P とする。物質量 n〔mol〕の理想気体に定積変化，定圧変化で温度を ΔT 変化させるとき，与えた熱 Q はそれぞれ

定積変化：$Q = nC_V\Delta T$ ， 定圧変化：$Q = nC_P\Delta T$

となる。また C_V と C_P との間には

$$C_P - C_V = R$$

の関係（＝マイヤーの公式）がある。C_V と C_P の値は，単原子分子理想気体では

$$C_V = \frac{3}{2}R ， C_P = \frac{5}{2}R$$

である。

理想気体の内部エネルギーは温度だけで決まるので，温度変化が ΔT であれば，気体がどんな状態変化をしても内部エネルギーの変化 ΔU は同じで，C_V を用いて

$$\Delta U = nC_V\Delta T$$

解答 (1) A→B は定積変化であるので，気体に与えた熱を Q_1 とすると

$$Q_1 = nC_V(T_B - T_A)$$

参考 この場合，$T_A > T_B$ より $Q_1 < 0$ で，気体は熱を放出している。

B→C は定圧変化であるので，気体に与えた熱を Q_2 とすると

$$Q_2 = nC_P(T_A - T_B)$$

A→B→C の変化で気体に与えた熱 Q は，これらの和であるから

$$Q = Q_1 + Q_2 = n(C_P - C_V)(T_A - T_B) \quad \cdots ①$$

(2) A→B は定積変化であるので気体は仕事をせず，B→C の定圧変化では仕事をする。ゆえに，求める仕事を W とすると

$$W = p_2(V_2 - V_1)$$

理想気体の内部エネルギーは温度のみで決まる。A と C の温度は同じなので，内部エネルギーの変化を ΔU とすると，$\Delta U = 0$ である。

(3) 熱力学第 1 法則より $\quad Q = \Delta U + W = p_2(V_2 - V_1) \quad \cdots ②$

(4) ①式と②式の Q は，同じである。ゆえに

$$n(C_P - C_V)(T_A - T_B) = p_2(V_2 - V_1)$$

ここで，B，C における気体の状態方程式より

$$\text{B}: p_2 V_1 = nRT_B \quad , \quad \text{C}: p_2 V_2 = nRT_A$$

これらを代入して

$$n(C_P - C_V)(T_A - T_B) = nR(T_A - T_B) \quad \therefore \quad C_P - C_V = R$$

(5) 気体の温度が T_B から T_A に変化するので，内部エネルギーの変化を ΔU_2 とすると

$$\Delta U_2 = nC_V(T_A - T_B)$$

B→C の変化で気体がする仕事は W なので，(4)と同様に，気体の状態方程式も利用して，気体が吸収した熱 Q_2 は

$$\begin{aligned}Q_2 &= \Delta U_2 + W = nC_V(T_A - T_B) + p_2(V_2 - V_1)\\ &= nC_V(T_A - T_B) + nR(T_A - T_B)\\ &= n(C_V + R)(T_A - T_B)\end{aligned}$$

別解 (4)で求めた関係より，$C_P = C_V + R$ なので

$$Q_2 = nC_P(T_A - T_B) = n(C_V + R)(T_A - T_B)$$

重要

問題 7 　難易度：⬚⬚⬚⬚◻

　　図1のように，水平に置かれた断面
積 S のシリンダーがある。シリンダー
にはなめらかに動く2つのピストン1，
2があり，これらとシリンダーの右側の
底面で，シリンダー内を A 室，B 室に
分けている。それぞれのピストンは必要

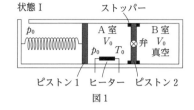

図1

に応じてストッパーで固定することができる。また，ピストン2には弁があり，
初めは閉じられている。軽いばねを水平にして一端をピストン1，他端をシリ
ンダーの左の底面につける。左の底面とピストン1の間の圧力は，常に大気圧
と等しく p_0 となっている。ピストン，シリンダー，弁は全て断熱材でできて
いて，A 室内にはヒーターがある。

　　ピストン2を動かないようにストッパーで固定し，A 室，B 室ともに体積
を V_0 にする。A 室には一定量の単原子分子理想気体を温度 T_0 で封入し，B
室は真空にする。このときばねは自然の長さの状態であった。これを状態 I
（図1）とする。ヒーターにより，A 室
の気体をゆっくりと加熱するとピストン
1は左に動き，図2のように A 室の体
積が $\dfrac{3}{2}V_0$ となったとき，圧力は $2p_0$ と
なった。これを状態 II とする。

状態 II

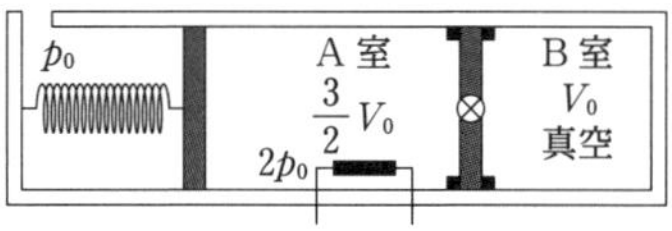

図2

(1)　ばねのばね定数を求めよ。

(2)　I → II の変化の間で，A 室の体積が V $\left(V_0 \leqq V \leqq \dfrac{3}{2}V_0\right)$ のとき，A 室内
　　の圧力を p_0，V_0，V で表せ。また，このときの A 室内の温度を T_0，V_0，V
　　で表せ。

(3)　I → II の変化で，気体がした仕事と，ヒーターが気体に与えた熱量を求め
　　よ。

　　次に，II でピストン1が右へ動かない
ようにストッパーで固定した。図3のよ
うにピストン2の弁を開くと A 室の気
体が B 室に入り，十分時間が経過した
後，A 室と B 室の気体の温度，圧力は
等しくなった。これを状態 III とする。

状態 III

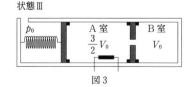

図3

(4) Ⅲの気体の温度と圧力を求めよ。

Ⅲでピストン2の弁を閉めて，ピスト
ン2のストッパーを外した。ヒーターで
A室内の気体に徐々に熱を与えると，
ピストン2がゆっくり動いた。やがて，
B室の気体の体積が V_B となったとき，

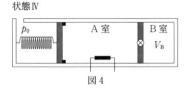

状態Ⅳ

図4

ピストン1が左へ動き出した。ピストン1が動き出した瞬間を状態Ⅳ（図4）
とする。

(5) Ⅲ→Ⅳの変化で，A室，B室の気体の内部エネルギーの変化の和を p_0,
V_0 を用いて表せ。

(6) Ⅲ→Ⅳの変化で，ヒーターが気体に与えた熱量を p_0，V_0 を用いて表せ。

設問別難易度：(1) 😊😊◻◻◻ (2),(4) 😊😊😊◻◻ (3),(5),(6) 😊😊😊😊◻

Point 1　気体がする仕事の求め方　》 (3)

気体がする仕事 W の求め方には，以下の方法がある。

- 圧力 p が一定で体積変化が ΔV の場合，または ΔV が微小の場合は　　$W = p\Delta V$
- 圧力が変化する場合は，p-V グラフの面積を求める。
  または，気体が他の物体にした仕事を個々に求める。
- 気体に与えた熱量 Q，内部エネルギーの変化 ΔU がわかっているときは，熱力学
  第1法則より　　$W = Q - \Delta U$
- どうしてもわからないときは，積分を考えてみる。　　$W = \int p\,dV$

Point 2　熱力学第1法則　》 (3), (6)

気体に与えた熱量が Q のとき，気体の内部エネルギーの変化を ΔU，気体が外部
にする仕事を W として，熱力学第1法則

$$Q = \Delta U + W$$

が成り立つ。気体に熱量を与えたとき Q は正，気体の体積が増えて外部に仕事をし
たとき W は正となるというように，正負をしっかりと区別することが大切である。
（気体が外部からされる仕事を w とすると，熱力学第1法則は

$$\Delta U = Q + w$$

となる。気体がする仕事 W とされる仕事 w の関係は $W = -w$ である。）

解答 (1) ばね定数を k とする。Ⅱでばねの自然の長さからの縮み x_1 は

$$x_1 = \frac{\frac{3}{2}V_0 - V_0}{S} = \frac{V_0}{2S}$$

Ⅱでピストン1にはたらく力のつり合いより

$$2p_0 S - p_0 S - kx_1 = 0 \quad \therefore \quad k = \frac{p_0 S}{x_1} = \frac{2p_0 S^2}{V_0}$$

(2) A室の体積が V のとき，ばねの自然の長さからの縮み x は

$$x = \frac{V - V_0}{S}$$

このときのA室内の圧力を p とする。ピストン1にはたらく力のつり合いを考えて，さらに k，x も代入して

$$pS - p_0 S - kx = 0$$

$$\therefore \quad p = p_0 + \frac{k}{S}x = p_0 + \frac{1}{S} \times \frac{2p_0 S^2}{V_0} \times \frac{V - V_0}{S} = \left(\frac{2V}{V_0} - 1\right)p_0$$

このときのA室内の温度を T とする。ボイル・シャルルの法則より

$$\frac{p_0 V_0}{T_0} = \frac{pV}{T} \quad \therefore \quad T = \frac{pV}{p_0 V_0}T_0 = \frac{V}{V_0}\left(\frac{2V}{V_0} - 1\right)T_0 \quad \cdots ①$$

(3) Ⅰ→Ⅱの p-V グラフは図5のようになる。**図5の網かけ部分の面積がこの間の仕事の大きさで**，また気体の体積が増加しているので，気体がした仕事は正である。気体がした仕事を W_1 とすると

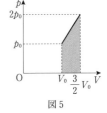
図5

$$W_1 = \frac{1}{2}(p_0 + 2p_0)\left(\frac{3}{2}V_0 - V_0\right) = \frac{3}{4}p_0 V_0$$

A室内の気体の物質量を n，気体定数を R，ⅡでのA室内の温度を T_2 とする。Ⅰ→Ⅱで，気体の内部エネルギーの変化を ΔU_1 とすると

$$\Delta U_1 = \frac{3}{2}nR(T_2 - T_0) = \frac{3}{2}\left(2p_0 \cdot \frac{3}{2}V_0 - p_0 V_0\right)$$

$$= 3p_0 V_0$$

この間，ヒーターが気体に与えた熱量を Q_1 とすると，**熱力学第1法則**より

$$Q_1 = \Delta U_1 + W_1 = \frac{15}{4}p_0 V_0$$

別解 A室内の気体は，大気を押す仕事とばねを縮める仕事をする。それぞれの仕事の和より

$$W_1 = p_0\left(\frac{3}{2}V_0 - V_0\right) + \frac{1}{2}k\left(\frac{V_0}{2S}\right)^2 = \frac{1}{2}p_0 V_0 + \frac{1}{2} \cdot \frac{2p_0 S^2}{V_0} \cdot \left(\frac{V_0}{2S}\right)^2$$

$$= \frac{3}{4}p_0 V_0$$

(4) ①式より，ⅡでのA室内の気体の温度 T_2 は，ボイル・シャルルの法則より

$$\frac{p_0 V_0}{T_0} = \frac{2p_0 \cdot \frac{3}{2} V_0}{T_2} \qquad \therefore \quad T_2 = 3T_0$$

（①式に $V = \frac{3}{2}V_0$ を代入して T_2 を求めてもよい。）

B室は真空であるので，弁を開けるとA室の気体は断熱自由膨張をし，温度は変化しない。 つまり，Ⅲの温度を T_3 とすると

$$T_3 = T_2 = 3T_0$$

A室内にあった気体がⅢでは体積 $\frac{5}{2}V_0$ になったので，Ⅲの圧力を p_3 として，ボイル・シャルルの法則より

$$\frac{p_0 V_0}{T_0} = \frac{p_3 \cdot \frac{5}{2} V_0}{3T_0} \qquad \therefore \quad p_3 = \frac{6}{5}p_0$$

(5) ⅣでのA室，B室の気体の物質量を n_A，n_B，温度を T_A，T_B とする。ピストン2は自由に動くので，ⅣでA室，B室の圧力は等しく，ピストン1が動き出す瞬間なので，気体の圧力は $2p_0$ である。またA室の体積は $\frac{5}{2}V_0 - V_B$ である。Ⅲ→ⅣでのA室，B室の気体の内部エネルギーの変化をそれぞれ ΔU_A，ΔU_B とすると

$$\Delta U_A = \frac{3}{2}n_A R(T_A - T_3) \quad , \quad \Delta U_B = \frac{3}{2}n_B R(T_B - T_3)$$

ゆえに，これらの和 ΔU は

$$\Delta U = \Delta U_A + \Delta U_B = \frac{3}{2}n_A R(T_A - T_3) + \frac{3}{2}n_B R(T_B - T_3)$$

$$= \frac{3}{2}\{n_A R T_A + n_B R T_B - (n_A + n_B)R T_3\}$$

ここで，それぞれの気体の状態方程式より

$$\Delta U = \frac{3}{2}\left\{ 2p_0 \left(\frac{5}{2}V_0 - V_B \right) + 2p_0 V_B - \frac{6}{5}p_0 \cdot \frac{5}{2}V_0 \right\} = 3p_0 V_0$$

(6) Ⅲ→Ⅳでは，**A室，B室の体積の和は変化しないので，外部への仕事は 0 である。** ゆえに，ヒーターが気体に与えた熱量を Q とすると，熱力学第1法則より

$$Q = \Delta U = 3p_0 V_0$$

問題 8　難易度：😀😀😀⬜⬜

図1のように，底面積が S で壁の厚さが無視できる円筒形の容器を，開口部を下にして，内部に単原子分子理想気体を入れた状態で液体中にまっすぐに浮かべた。液体の温度が T_1 のとき，容器内外の液面の高さの差が d，容器内の液面から容器の底面までの高さが h_1 で静止した。容器内の気体は，大気との間には熱の出入りが

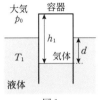

図1

ないが，液体との間に熱の出入りがあり，気体と液体の温度は常に等しいとする。大気圧を p_0，液体の密度を ρ，重力加速度の大きさを g とする。容器内の気体の圧力は一様で，容器内の液面の液体の圧力に等しいものとする。

(1) 容器の質量を求めよ。

次に，液体をゆっくり加熱すると，容器内の液面から容器の底面までの高さが h_2 となった。

(2) このときの，容器内の気体の温度を求めよ。

(3) この間，容器内の気体がした仕事と，容器内の気体に液体が与えた熱を求めよ。

図1の状態（温度 T_1）から容器を持ち，図2のように容器内の液面の高さが容器外の液面の高さから x だけ高くなるまでゆっくり持ち上げた。

(4) 容器内の気体の圧力はいくらか。また，容器内の液面から容器の底面までの高さ h_3 を求めよ。

図1の状態（温度 T_1）から容器の底面を手で下向きに押し，容器が全て液体中に入るようにゆっくり沈めていくと，図3のように液面から容器の底面までの距離が D のとき押す力が0となり，手をはなすと容器は静止した。

(5) D を求めよ。

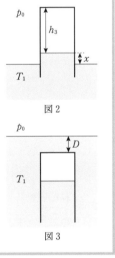

図2

図3

😀設問別難易度：(1) 😀😀⬜⬜⬜　(2)〜(5) 😀😀😀⬜⬜

Point 液体中の気体の圧力と浮力　≫ (1), (5)

液体中に伏せられた容器内の気体について考える。気体にはたらく重力が無視でき，容器内で高さによらず圧力が一定の場合，容器内の気体の圧力は，容器内の液面の深

さでの圧力に等しい。また，浮力の大きさ f は，容器外の液面以下の気体の体積を V，液体の密度を ρ，重力加速度を g として，$f=\rho Vg$ である。容器が静止しているとき，容器の重力と浮力がつり合っている。

解答 (1) 容器の質量を m，容器内の気体の圧力を p_1 とする。

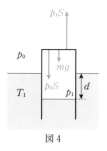

図4

p_1 は深さ d の液体の圧力なので

$$p_1=p_0+\rho gd$$

図4のように容器の底面にはたらく力のつり合いより

$$p_0S+mg-p_1S=0$$
$$p_0S+mg-(p_0+\rho gd)S=0$$
$$\therefore\quad m=\rho Sd$$

別解　容器内の，液面より下の気体の体積が Sd なので，気体にはたらく浮力は ρSdg である。浮力と容器の重力がつり合うので

$$mg-\rho Sdg=0\quad\therefore\quad m=\rho Sd$$

（浮力は上下の圧力による力の差であるので，浮力で考える場合は大気や容器内の気体が容器を押す力などを考える必要はない。）

(2) **大気圧，容器にはたらく重力は変化しないので**，温度が変化してもつり合いの条件は変わらず，**容器の内外の液面の高さの差は d のままで容器内の圧力は一定**である。変化後の容器内の気体の温度を T_2 として，シャルルの法則より

$$\frac{Sh_1}{T_1}=\frac{Sh_2}{T_2}\quad\therefore\quad T_2=\frac{h_2}{h_1}T_1$$

(3) この間の気体の状態変化は圧力 p_1 の定圧変化である。気体がした仕事を W とすると

$$W=p_1S(h_2-h_1)=(p_0+\rho dg)(h_2-h_1)S$$

（結局，容器と大気を高さ h_2-h_1 だけ持ち上げた仕事である。）

容器内の気体の物質量を n，気体定数を R とする。定圧モル比熱は $\dfrac{5}{2}R$ なので，液体が気体に与えた熱を Q とすると，状態方程式も考えて

$$Q=\frac{5}{2}nR(T_2-T_1)=\frac{5}{2}p_1(Sh_2-Sh_1)=\frac{5}{2}(p_0+\rho dg)(h_2-h_1)S$$

(4) 容器内の気体の圧力を p_2 とする。容器内の液面は容器外の液面より x だけ上なので

$$p_2=p_0-\rho gx$$

気体の温度は一定なので，ボイルの法則より

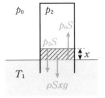

$$p_1 S h_1 = p_2 S h_3 \qquad \therefore \quad h_3 = \frac{p_1}{p_2} h_1 = \frac{p_0 + \rho g d}{p_0 - \rho g x} h_1$$

参考 p_2 は次のように求めることもできる。図 5 のように、容器内の、液面より上にある液体（図 5 の斜線部分）にはたらく力を考える。この部分の下面の圧力は p_0 で、液体の質量は $\rho S x$ なので、力のつり合いより

$$p_2 S + \rho S x g - p_0 S = 0 \qquad \therefore \quad p_2 = p_0 - \rho g x$$

図 5

(5) **容器にはたらく浮力と容器の重力がつり合うので、容器内の液面から容器の底面までの高さは d である。**容器内の気体の圧力を p_3 とすると、容器内の液面の深さが $D + d$ なので $p_3 = p_0 + \rho g (D + d)$ である。このときの気体の体積は Sd で、温度は変化していないので、シャルルの法則より

$$p_1 S h_1 = p_3 S d$$
$$(p_0 + \rho g d) h_1 = \{p_0 + \rho g (D + d)\} d$$
$$\therefore \quad D = \left(\frac{p_0}{\rho g d} + 1 \right)(h_1 - d)$$

　図1のように，摩擦なしに動くピストンを備えた容器が鉛直に立っており，その中に単原子分子の理想気体が閉じ込められている。容器は断面積 S の部分と断面積 $2S$ の部分からなっている。ピストンの質量は無視できるが，その上に一様な密度の液体がたまっており，つり合いが保たれている。気体はヒーターを用いて加熱することができ，気体と容器壁およびピストンとの間の熱の出入りは無視できる。また，気体の重さ，ヒーターの体積，液体と容器壁との摩擦や液体の蒸発は無視でき，液体より上の部分は圧力 0 の真空とする。重力加速度の大きさを g とする。

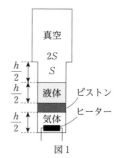

図1

　まず，気体，液体ともに断面積 S の部分にあるときを考える。このときの液体部分の高さは $\dfrac{h}{2}$ である。

(1)　初め，気体部分の高さは $\dfrac{h}{2}$，圧力は P_0 であった。液体の密度を求めよ。

(2)　気体を加熱して，気体部分の高さを $\dfrac{h}{2}$ から h までゆっくりと上昇させた（図2）。この間に気体がした仕事を求めよ。

(3)　この間に気体が吸収した熱量を求めよ。

　気体部分の高さが h のとき，液体の表面は断面積 $2S$ の部分との境界にあり（図2），このときの気体の温度は T_1 であった。さらに，ゆっくりと気体を加熱して，気体部分の高さが $h+x$ となった場合について考える（図3）。

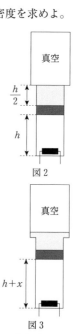

図2

図3

(4)　$x>0$ では，液体部分の高さが小さくなることにより，気体の圧力が減少した。気体の圧力 P を，x を含んだ式で表せ。

(5)　$x>0$ では，加熱しているにもかかわらず，気体の温度は T_1 より下がった。このときの気体の温度 T を，x を含んだ式で表せ。

(6)　気体部分の高さが h から $h+x$ に変化する間に，気体がした仕事 W と，気体に与えた熱 Q をそれぞれ P_0，S，h，x を用いて求めよ。

(7)　気体部分の高さがある高さ $h+X$ に達すると，ピストンを上昇させるために，さらに必要な熱量が 0 になり，x が X を超えるとピストンは一気に浮上してしまった。X を求めよ。

Point 状態変化を見抜く ≫ (1)〜(6)

気体の状態変化の問題では，気体がどのような変化をしているのかを見抜くことが重要である。圧力，体積，温度は変化しているのか？ それとも一定か？ 熱の出入りはあるのか？ ないのか？ もちろん，圧力，体積，温度の全てが変化し，かつ熱の出入りがある場合もある。まず，これを整理すること。

ピストンでシリンダー内に気体を封入した場合，気体の圧力を求めるためにはピストンにはたらく力のつり合いを考える。本問の前半では，ピストンにはたらく力のつり合いの状態が変わらないので，定圧変化であることを見抜くことが大切である。

解答 (1) 液体の密度を ρ とする。液体の深さ $\dfrac{h}{2}$ より，ピストンの上面の液体の圧

力は $\dfrac{\rho g h}{2}$ である。ピストンにはたらく力のつり合いより

$$P_0 S - \frac{\rho g h}{2} S = 0 \qquad \therefore \quad \rho = \frac{2P_0}{gh} \quad \cdots①$$

参考 液面から深さ d の位置での液体の圧力は $\rho g d$ なので，ピストンを押す力は $\rho g d S$ となる。

(2) **気体の圧力は P_0 のまま一定**である。気体のした仕事を W_1 とすると

$$W_1 = P_0\left(Sh - \frac{Sh}{2}\right) = \frac{P_0 Sh}{2}$$

(3) 単原子分子理想気体なので，定圧モル比熱は，気体定数を R として $\dfrac{5}{2}R$

である。気体が吸収した熱量を Q_1 とする。気体の物質量を n，この間の温度変化を $\varDelta T$，体積変化を $\varDelta V$ として

$$Q_1 = \frac{5}{2}nR\varDelta T = \frac{5}{2}P_0\varDelta V = \frac{5}{2}P_0\left(Sh - S\cdot\frac{h}{2}\right) = \frac{5P_0 Sh}{4}$$

(4) 容器上部の断面積が $2S$ であることを考慮すると，
ピストンの上の液体の深さは，図4より

$$\frac{h}{2} - x + \frac{x}{2} = \frac{h-x}{2}$$

である。ピストンにはたらく力のつり合いより

$$PS - \rho g S\left(\frac{h-x}{2}\right) = 0$$

①式の ρ を代入して，P を求める。

$$P = \frac{\rho g}{2}(h-x) = P_0\left(1 - \frac{x}{h}\right) \quad \cdots②$$

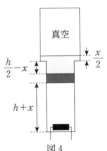

真空

図4

(5) ボイル・シャルルの法則と②式より

$$\frac{P_0 Sh}{T_1} = \frac{PS(h+x)}{T} \qquad \therefore \quad T = \frac{P}{P_0}\left(1 + \frac{x}{h}\right)T_1 = \left(1 - \frac{x^2}{h^2}\right)T_1$$

(6) **この間の p-V グラフは，②式より，図5のよう**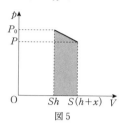
に直線となる。気体がする仕事 W は正で，大きさ
は図5の網かけ部分の面積なので

$$W = \frac{1}{2}\{P_0 + P\}\{S(h+x) - Sh\}$$

$$= \frac{1}{2}\left\{P_0 + P_0\left(1 - \frac{x}{h}\right)\right\}Sx$$

$$= P_0 Sx\left(1 - \frac{x}{2h}\right)$$

図5

この間の内部エネルギーの変化 $\varDelta U$ は

$$\varDelta U = \frac{3}{2}nR(T - T_1) = \frac{3}{2}nR\left\{\left(1 - \frac{x^2}{h^2}\right)T_1 - T_1\right\} = -\frac{3}{2}nRT_1 \cdot \frac{x^2}{h^2}$$

ここで，図2の状態の状態方程式より，$P_0 Sh = nRT_1$ なので

$$\varDelta U = -\frac{3P_0 Sx^2}{2h}$$

熱力学第1法則より，この間に気体に与えた熱 Q は

$$Q = \varDelta U + W = P_0 Sx\left(1 - \frac{2x}{h}\right) \quad \cdots ③$$

(7) 図2の状態から気体に与えた熱 Q と，ピストンの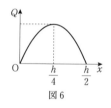
移動距離 x の関係を，③式よりグラフにすると，図
6のようになる。これより $x = \dfrac{h}{4}$ となるまでは Q は

増加し，気体に熱を与えるが，$x = \dfrac{h}{4}$ に達すると，

図6

ピストンを上昇させるとき Q は減少していくので，気体は熱を放出するこ
とがわかる。つまり，熱を与える必要がなくなり，一気に変化が起こる。ゆ
えに $\quad X = \dfrac{h}{4}$

参考 $\dfrac{\varDelta Q}{\varDelta x} = 0$ となる x を求めるということである。

重要

難易度：😀😀😑☐☐

シリンダーの中になめらかに動くピストンを装着して，一定量の単原子分子理想気体を入れた。気体の圧力 p〔Pa〕と体積 V〔m³〕を図１のグラフのように，状態 A→B→C→A と変化させる熱サイクルがある。ただし，A→B は体積を V_0 の一定に保ち，B→C は圧力を $2p_0$ の一定に保つ変化である。また，C→A は p-V グラフ上で直線となる変化である。

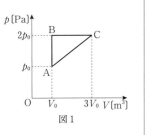

図1

(1) A→B で，気体に与えた熱を求めよ。

(2) B→C で，気体がした仕事と，気体に与えた熱をそれぞれ求めよ。

(3) C→A で，気体が放出した熱を求めよ。

(4) A→B→C→A の１サイクルで，気体が外部にした仕事を求めよ。

(5) このサイクルの熱効率を求めよ。

設問別難易度：(1),(2) 😀😑☐☐☐　(3)〜(5) 😑😑☐☐☐

Point 1　気体に与えた熱，気体が放出した熱　≫ (1)〜(3)

気体の状態変化での熱を考えるとき，気体に与えた熱を基準に考えるとよい。ある過程で気体に与えた熱が q であったとき，$q>0$ であれば気体に熱を与えており，$q<0$ であれば気体は熱を放出している。放出した熱はいくらか？と問われた場合，$|q|=-q$ と考えればよい。

Point 2　熱機関（熱サイクル）の熱効率　≫ (5)

熱機関が１サイクルで気体に差し引き与えた熱を Q とする。１サイクル中で，気体に熱を与えた過程での与えた熱の和を Q_{IN}，気体が熱を放出した過程（気体に与えた熱が負となる過程）での放出した熱の和を Q_{OUT} とすると，$Q=Q_{IN}-Q_{OUT}$ となる。また１サイクルで気体は元の状態（元の温度）に戻るので，１サイクルでの気体の内部エネルギーの変化の合計は０である。ゆえに，１サイクルでの仕事 W は，熱力学第１法則より

$$Q=W=Q_{IN}-Q_{OUT}$$

気体に与えた熱に対する仕事の比が熱効率 e なので

$$e=\frac{W}{Q_{IN}}=\frac{Q_{IN}-Q_{OUT}}{Q_{IN}}=1-\frac{Q_{OUT}}{Q_{IN}}$$

解答　気体の物質量を n〔mol〕，状態 A，B，C の温度をそれぞれ T_A〔K〕，T_B〔K〕，T_C〔K〕とする。また，気体定数を R〔J/(mol・K)〕とする。それぞれの状態での気体の状態方程式は

$$\text{A}: p_0V_0=nRT_A \quad , \quad \text{B}: 2p_0V_0=nRT_B \quad , \quad \text{C}: 2p_0\cdot3V_0=nRT_C$$

(1)　A→B は定積変化である。単原子分子理想気体の定積モル比熱は $\dfrac{3}{2}R$ なので，気体に与えた熱を Q_1〔J〕とすると，状態方程式も用いて

$$Q_1=\frac{3}{2}nR(T_B-T_A)=\frac{3}{2}(2p_0V_0-p_0V_0)=\frac{3}{2}p_0V_0〔\text{J}〕$$

(2)　B→C は定圧変化である。気体がした仕事を W_2〔J〕とすると

$$W_2=2p_0(3V_0-V_0)=4p_0V_0〔\text{J}〕$$

定圧モル比熱は $\dfrac{5}{2}R$ なので，気体に与えた熱を Q_2〔J〕とすると，状態方程式も用いて

$$Q_2=\frac{5}{2}nR(T_C-T_B)=\frac{5}{2}(6p_0V_0-2p_0V_0)=10p_0V_0〔\text{J}〕$$

別解　B→C で気体の内部エネルギーの変化を ΔU_2〔J〕とすると，状態方程式も用いて

$$\Delta U_2=\frac{3}{2}nR(T_C-T_B)=\frac{3}{2}(6p_0V_0-2p_0V_0)=6p_0V_0〔\text{J}〕$$

熱力学第 1 法則より

$$Q_2=\Delta U_2+W_2=10p_0V_0〔\text{J}〕$$

(3)　C→A で気体がした仕事を W_3〔J〕とする。W_3 の大きさは，図 2 の $p\text{-}V$ グラフの網かけ部分の面積で，また体積が減少するので $W_3<0$ である。ゆえに

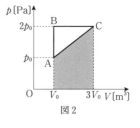
図2

$$W_3=-\frac{1}{2}(p_0+2p_0)(3V_0-V_0)$$
$$=-3p_0V_0〔\text{J}〕$$

内部エネルギーの変化を ΔU_3〔J〕とすると，状態方程式も用いて

$$\Delta U_3=\frac{3}{2}nR(T_A-T_C)=\frac{3}{2}(p_0V_0-6p_0V_0)$$
$$=-\frac{15}{2}p_0V_0〔\text{J}〕$$

熱力学第 1 法則より，気体に与えた熱を Q_3〔J〕とすると

$$Q_3=\Delta U_3+W_3=-\frac{21}{2}p_0V_0〔\text{J}〕$$

$Q_3<0$ なので，気体は熱を放出している。放出した熱 $|Q_3|$〔J〕は

$$|Q_3|=\frac{21}{2}p_0V_0\text{〔J〕}$$

(4) A→B は定積変化なので，気体は仕事をしない。ゆえに，1 サイクルでする仕事を W〔J〕とすると

$$W=W_2+W_3=4p_0V_0-3p_0V_0=p_0V_0\text{〔J〕}$$

別解1 　1 サイクルでする仕事は，図3の p-V グラフの 1 サイクルの内側の面積である。グラフが時計回りのときは仕事が正，反時計回りのときは仕事は負である。ゆえに

$$W=\frac{1}{2}(2p_0-p_0)(3V_0-V_0)=p_0V_0\text{〔J〕}$$

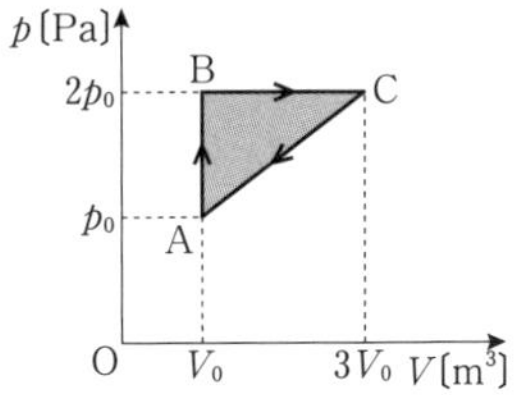

図3

別解2 　1 サイクルで気体の温度は元に戻るので，内部エネルギーの変化は 0 である。熱力学第 1 法則より

$$W=Q_1+Q_2+Q_3=\frac{3}{2}p_0V_0+10p_0V_0-\frac{21}{2}p_0V_0=p_0V_0\text{〔J〕}$$

(5) 気体に熱を与えたのは，A→B と B→C なので，1 サイクルで与えた熱の和を Q_{IN}〔J〕とすると

$$Q_{\text{IN}}=Q_1+Q_2=\frac{3}{2}p_0V_0+10p_0V_0=\frac{23}{2}p_0V_0\text{〔J〕}$$

これより，熱効率を e とすると

$$e=\frac{W}{Q_{\text{IN}}}=\frac{p_0V_0}{\dfrac{23}{2}p_0V_0}=\frac{2}{23}$$

別解　気体が熱を放出するのは C→A なので，1 サイクルで放出する熱を Q_{OUT}〔J〕とすると

$$Q_{\text{OUT}}=|Q_3|=\frac{21}{2}p_0V_0\text{〔J〕}$$

これより，熱効率 e は

$$e=1-\frac{Q_{\text{OUT}}}{Q_{\text{IN}}}=1-\frac{\dfrac{21}{2}p_0V_0}{\dfrac{23}{2}p_0V_0}=\frac{2}{23}$$

　シリンダーとなめらかに動くピストンで，物質量 1 mol の単原子分子理想気体を密封し，初め，気体を温度 T_1，圧力 p_0，体積 V_0 の状態 A とした。その後，以下の過程 I〜IV の順で気体の状態を変化させた。

（過程 I）　A から体積を一定に保ったまま，気体に熱を与えて温度を T_2 の状態 B にした。

（過程 II）　B から温度を T_2 に保って気体を圧力 p_0 の状態 C まで膨張させた。この間，気体がした仕事は W であった。

（過程 III）　C から体積を一定に保ち，温度が T_1 の状態 D にした。

（過程 IV）　D から温度を T_1 に保って気体を A まで圧縮した。

　気体定数を R とする。

(1) 過程 I で，気体に与えた熱を求めよ。

(2) 過程 II で気体に与えた熱を求めよ。

(3) 状態 C での気体の体積を求めよ。

(4) 過程 IV で，気体が外部からされた仕事を求めよ。

　ここで，過程 II で気体がした仕事 W が，T_2，R と定数 a を用いて $W = aRT_2$ と表せるとする。

(5) 状態 A→B→C→D→A の 1 サイクルの状態変化で，気体がした仕事を T_1，T_2，a，R を用いて表せ。

(6) 状態 C での気体の体積が $5V_0$ のとき，この熱サイクルの熱効率を a を用いて表せ。

⤷ 設問別難易度：(1)〜(3)⚄⚄□□□　(4), (5)⚄⚄⚄□□　(6)⚄⚄⚄⚄□

Point 1　p-V グラフを描いてみる　≫ (1)〜(6)

　気体がどのような状態変化をしているかわかりにくいときは，まず p-V グラフを描いてみて，状況を把握すること。

Point 2　等温変化で気体がする仕事　≫ (4), (5)

　等温変化では，内部エネルギーが変化しないので，気体がする仕事 W と気体に与えた熱 Q には，熱力学第 1 法則より，$Q = W$ の関係がある。仕事 W を求めるためには積分を使う必要があるので，具体的な値が問われることはほぼない。しかし仕事 W は，p-V グラフ（等温曲線）と横軸との間の面積であり，ある体積での圧力 p は温度に比例するので，同じ体積変化をするとき W は温度 T に比

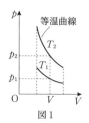

図1

例することは覚えておくとよい。

参考 物質量 n の気体が温度 T で体積 V_1 から V_2 まで変化するときの仕事 W を積分を用いて求めてみる。気体定数を R とし，T が一定値であることも考慮して

$$W = \int_{V_1}^{V_2} p\,dV = \int_{V_1}^{V_2} \frac{nRT}{V}\,dV = nRT \int_{V_1}^{V_2} \frac{dV}{V} = nRT \log \frac{V_2}{V_1}$$

となる。

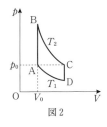

図2

解答 気体の状態変化の p-V グラフは図2のようになる。

(1) 単原子分子理想気体の定積変化であるので，与えた熱を Q_{AB} とすると　$Q_{AB} = \dfrac{3}{2} R(T_2 - T_1)$

(2) 気体に与えた熱を Q_{BC} とする。等温変化なので内部エネルギーの変化は 0 である。よって，熱力学第1法則より　$Q_{BC} = W$

(3) 状態 C での気体の体積を V_C とする。ボイル・シャルルの法則より

$$\frac{p_0 V_0}{T_1} = \frac{p_0 V_C}{T_2} \qquad \therefore\quad V_C = \frac{T_2}{T_1} V_0 \quad\cdots①$$

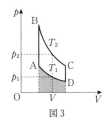

図3

(4) 過程Ⅳで気体がした仕事は負で，その大きさは図3の網かけ部分の面積である。図3中で，気体の体積が V のときの，過程Ⅱ，Ⅳにおける気体の圧力をそれぞれ p_2，p_1 とする。ボイル・シャルルの法則より

$$\frac{p_1 V}{T_1} = \frac{p_2 V}{T_2} \qquad \therefore\quad p_1 : p_2 = T_1 : T_2$$

となり，圧力は温度に比例する。過程Ⅱで気体がした仕事 W は B→C の等温曲線と横軸で囲まれた面積であるが，D→A の等温曲線と比べて高さ（圧力）が必ず $T_2 : T_1$ となっているので，面積も同じ比になる。ゆえに，過程Ⅳで気体がする仕事を W_{DA} とすると

$$W : |W_{DA}| = T_2 : T_1$$

気体がした仕事は負であることも考慮して

$$W_{DA} = -\frac{T_1}{T_2} W \quad\cdots②$$

ゆえに，気体がされた仕事は

$$-W_{DA} = \frac{T_1}{T_2} W$$

別解 過程Ⅱで，気体が圧力 p の状態から体積が dV だけ変化したときに気体がした仕事は，$p\,dV$ である。状態方程式より

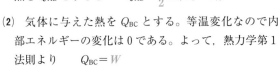

$$pdV = \frac{RT_2}{V}dV$$

となる。R, T_2 は一定値であることも考慮して、状態 C での気体の体積を V_1 とすると、過程 II で気体がした仕事 W は、積分を用いて

$$W = \int_{V_0}^{V_1} pdV = RT_2 \int_{V_0}^{V_1} \frac{dV}{V} \quad \cdots ③$$

過程 IV でも同様に考えて、気体がした仕事 W_{DA} は、③式も代入して

$$W_{DA} = \int_{V_1}^{V_0} pdV = RT_1 \int_{V_1}^{V_0} \frac{dV}{V} = -RT_1 \int_{V_0}^{V_1} \frac{dV}{V} = -\frac{T_1}{T_2} \cdot RT_2 \int_{V_0}^{V_1} \frac{dV}{V}$$

$$= -\frac{T_1}{T_2}W$$

ゆえに、気体がされた仕事は

$$-W_{DA} = \frac{T_1}{T_2}W$$

(この式より、同じ体積変化での等温変化の仕事の大きさは、温度に比例することがわかる。)

(5) ②式より

$$W_{DA} = -\frac{T_1}{T_2}W = -aRT_1$$

過程 I、過程 III は定積変化であり、気体は仕事をしないので、1 サイクルで気体がした仕事を W_0 として

$$W_0 = W + W_{DA} = aR(T_2 - T_1)$$

(6) ①式より

$$5V_0 = \frac{T_2}{T_1}V_0 \qquad \therefore \quad T_1 = \frac{T_2}{5} \quad \cdots ④$$

気体に熱を与えたのは過程 I、過程 II である。気体に与えた熱の合計を Q_{IN} とすると、Q_{IN} は、④式も用いて

$$Q_{IN} = Q_{AB} + Q_{BC} = \frac{3}{2}R(T_2 - T_1) + aRT_2 = \left(\frac{6}{5} + a\right)RT_2$$

また、W_0 は

$$W_0 = aR(T_2 - T_1) = \frac{4}{5}aRT_2$$

これより、熱効率を e として

$$e = \frac{W_0}{Q_{IN}} = \frac{\frac{4}{5}aRT_2}{\left(\frac{6}{5} + a\right)RT_2} = \frac{4a}{6 + 5a}$$

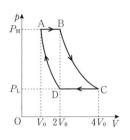

問題12 難易度：😊😊◻️◻️◻️

　ピストンとシリンダーからなる熱機関がある。シリンダー内には，物質量 n の単原子分子理想気体が封入されている。気体の圧力 p と体積 V を，右図のように，体積 V_0 の状態 A から，A→B→C→D→A という経路で変化させる。状態 B と D の気体の体積は $2V_0$，状態 C の気体の体積は $4V_0$ であり，A→B と C→D はそれぞれ圧力 P_H，P_L の定圧変化，B→C と D→A は断熱変化である。断熱変化では，p と V の間に $pV^{\frac{5}{3}}=$ 一定 の関係がある。気体定数を R とする。

(1) A の気体の絶対温度を求めよ。

(2) A→B の変化で，気体がした仕事と気体に与えた熱量を求めよ。

(3) B→C の変化で，気体がした仕事を求めよ。

(4) この熱機関が 1 サイクルする間に，気体がした仕事は合計でいくらか求めよ。

(5) この熱機関の熱効率を，P_H，P_L で表せ。

(6) P_H を，P_L を用いて表せ。また，C の気体の絶対温度は，B の気体の絶対温度の何倍か数値で答えよ。

(7) この熱機関の熱効率を有効数字 2 桁で計算せよ。必要なら $2^{\frac{2}{3}}=1.59$ を利用せよ。

設問別難易度：(1) 😊◻️◻️◻️◻️　(2) 😊😊◻️◻️◻️　(3)～(7) 😊😊😊◻️◻️

Point 1　断熱変化の仕事 ≫ (4)

　断熱変化で，気体がした仕事を W，内部エネルギーの変化を ΔU とすると，熱の出入りがないので熱力学第 1 法則より

$$0=\Delta U+W \qquad \therefore \quad W=-\Delta U$$

となる。気体の物質量を n，定積モル比熱を C_V として，温度変化が ΔT のとき $\Delta U=nC_V\Delta T$ となるので，結局，W は

$$W=-\Delta U=-nC_V\Delta T$$

となる。

Point 2　ポアソンの式 ≫ (6)

　気体の圧力を p，体積を V とすると，断熱変化では

$$pV^{\gamma}=\text{一定} \quad （単原子分子理想気体の場合 \ pV^{\frac{5}{3}}=\text{一定}）$$

の関係がある。これをポアソンの式という。ただし，γ は比熱比で，$\gamma=\dfrac{C_P}{C_V}$（C_P は定圧モル比熱）であり，単原子分子理想気体では，$C_V=\dfrac{3}{2}R$，$C_P=\dfrac{5}{2}R$ より，$\gamma=\dfrac{5}{3}$ となる。また，温度を T として

$$TV^{\gamma-1}=\text{一定} \quad （単原子分子理想気体の場合 \ TV^{\frac{2}{3}}=\text{一定}）$$

の関係も成り立つ。

解答 　A，B，C，D の気体の温度をそれぞれ T_A，T_B，T_C，T_D とする。それぞれ気体の状態方程式より

$$\text{A}：P_H V_0=nRT_A \quad , \quad \text{B}：2P_H V_0=nRT_B$$
$$\text{C}：4P_L V_0=nRT_C \quad , \quad \text{D}：2P_L V_0=nRT_D$$

必要に応じて，これらの式を用いる。

(1)　A の気体の状態方程式より

$$T_A=\frac{P_H V_0}{nR}$$

(2)　A→B は定圧変化であるので，気体がした仕事を W_{AB} とすると

$$W_{AB}=P_H(2V_0-V_0)=P_H V_0$$

気体に与えた熱量を Q_{AB} とすると，単原子分子理想気体の定圧モル比熱は $\dfrac{5}{2}R$ なので

$$Q_{AB}=\frac{5}{2}nR(T_B-T_A)=\frac{5}{2}(2P_H V_0-P_H V_0)=\frac{5}{2}P_H V_0$$

(3)　B→C の変化で，内部エネルギーの変化を $\varDelta U_{BC}$，気体がした仕事を W_{BC} とする。B→C は断熱変化であるので，熱力学第 1 法則より

$$0=\varDelta U_{BC}+W_{BC}$$
$$\therefore \quad W_{BC}=-\varDelta U_{BC}=-\frac{3}{2}nR(T_C-T_B)=-\frac{3}{2}(4P_L V_0-2P_H V_0)$$
$$=3(P_H-2P_L)V_0$$

(4)　C→D の変化で気体に与えた熱量を Q_{CD} とすると，C→D は定圧変化なので

$$Q_{CD}=\frac{5}{2}nR(T_D-T_C)=\frac{5}{2}(2P_L V_0-4P_L V_0)=-5P_L V_0$$

（負であるので，気体は熱を放出している。）

B→C，D→A の変化では，熱の出入りはない。ゆえに，1 サイクルでした仕事を W とすると

$$W=Q_{AB}+Q_{CD}=\frac{5}{2}P_H V_0-5P_L V_0=\frac{5}{2}(P_H-2P_L)V_0$$

別解　C→D の変化での仕事を W_{CD} とすると，C→D は定圧変化なので
$$W_{CD}=P_L(2V_0-4V_0)=-2P_LV_0$$

D→A の変化での仕事を W_{DA} とすると，D→A は断熱変化なので B→C と同様に

$$W_{DA}=-\frac{3}{2}nR(T_A-T_D)=-\frac{3}{2}(P_H-2P_L)V_0$$

1 サイクルでの仕事は，全ての過程の仕事の和なので

$$W=W_{AB}+W_{BC}+W_{CD}+W_{DA}=\frac{5}{2}(P_H-2P_L)V_0$$

(5) 1 サイクルで気体に熱を与えたのは，A→B の変化だけである。ゆえに熱効率を e とすると

$$e=\frac{W}{Q_{AB}}=\frac{\frac{5}{2}(P_H-2P_L)V_0}{\frac{5}{2}P_HV_0}=1-\frac{2P_L}{P_H}\quad\cdots①$$

別解　気体が熱を放出したのは，C→D の変化だけなので

$$e=1-\frac{|Q_{CD}|}{Q_{AB}}=1-\frac{|-5P_LV_0|}{\frac{5}{2}P_HV_0}=1-\frac{2P_L}{P_H}$$

(6) B→C の変化について，問題文中の式（ポアソンの式）を適用して

$$P_H(2V_0)^{\frac{5}{3}}=P_L(4V_0)^{\frac{5}{3}}\qquad\therefore\quad P_H=2^{\frac{5}{3}}P_L\quad\cdots②$$

ボイル・シャルルの法則より

$$\frac{2P_HV_0}{T_B}=\frac{4P_LV_0}{T_C}\qquad\therefore\quad T_C=\frac{2P_L}{P_H}T_B=\frac{2}{2^{\frac{5}{3}}}T_B=2^{-\frac{2}{3}}T_B$$

よって　$2^{-\frac{2}{3}}$ 倍

別解　T と V に関するポアソンの公式より

$$T_B(2V_0)^{\frac{2}{3}}=T_C(4V_0)^{\frac{2}{3}}\qquad\therefore\quad T_C=2^{-\frac{2}{3}}T_B$$

よって　$2^{-\frac{2}{3}}$ 倍

(7) ①，②式より

$$e=1-\frac{2P_L}{2^{\frac{5}{3}}P_L}=1-\frac{1}{2^{\frac{2}{3}}}$$

$2^{\frac{2}{3}}=1.59$ を代入して

$$e=1-\frac{1}{1.59}=\frac{0.59}{1.59}=0.371\cdots\fallingdotseq0.37$$

物質量 n の理想気体が封入された熱機関がある。気体の定積モル比熱を C_V とする。断熱変化を含む以下の I，II のサイクルについてそれぞれ考える。ただし，断熱変化では，$\gamma = \dfrac{定圧モル比熱}{定積モル比熱}$ として，圧力 p，体積 V，温度 T の間には

$$pV^\gamma = 一定，\qquad TV^{\gamma-1} = 一定$$

の関係がある。

I．体積 V_1，温度 T_A の状態 A から，以下の①〜④の過程で気体を変化させる。これは，自動車のエンジンを理想化したもので，オットーサイクルと呼ばれるものである。

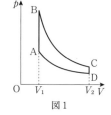

図1

① A から体積を一定に保って，温度 T_B の状態 B まで圧力を増加させる。

② B から，体積 V_2，温度 T_C の状態 C まで断熱膨張させる。

③ C から体積を一定に保って，温度 T_D の状態 D まで圧力を減少させる。

④ D から，A まで断熱圧縮させる。

　図1は，この熱機関の動きを示す p-V グラフである。

(1) A→B で，気体に与えた熱を求めよ。

(2) B→C で，気体が外部にする仕事を求めよ。

(3) T_C を T_B，V_1，V_2，γ を用いて表せ。同様に，T_D を T_A，V_1，V_2，γ を用いて表せ。

(4) 熱機関が1サイクルで外部にする仕事を n，C_V，T_A，T_B，T_C，T_D を用いて表せ。

(5) この熱機関の熱効率を，V_1，V_2，γ を用いて表せ。

(6) この熱機関の熱効率を大きくするには，$\dfrac{V_2}{V_1}$（これを圧縮比という）を大きくした方がよいか，小さくした方がよいか答えよ。

II．体積 V_A，温度 T_1 の状態 A から，以下の①〜④の過程で気体を変化させる。これはカルノーサイクルと呼ばれ，最も熱効率のよい熱機関として知られている。

① A から温度を一定に保って，体積 V_B の状態 B まで等温膨張させる。

② B から，体積 V_C，温度 T_2 の状態 C まで断熱膨張させる。

③ C から温度を一定に保って，体積 V_D の状態 D まで等温圧縮させる。

⑷　D から，A まで断熱圧縮させる。

⑺　A→B で，気体がした仕事を W_{AB} とする。この間，気体に与えた熱を求めよ。

⑻　B→C で，気体がした仕事を，n, C_V, T_1, T_2 を用いて求めよ。

　物質量 n の理想気体が一定の温度 T で体積 V から V' の状態に変化するとき，気体がする仕事 W は，気体定数を R として

$$W = nRT \log \frac{V'}{V}$$

となる。

⑼　この熱機関が 1 サイクルでする仕事を n, R, T_1, T_2, V_A, V_B で表せ。

⑽　この熱機関の熱効率を T_1, T_2 で表せ。

設問別難易度：(1), (7) 😊😊□□□　　(2)～(4), (8) 😊😊😊□□
(5), (6), (9), (10) 😊😊😊😊□

Point ┃ カルノーサイクル ≫ (7)～(10)

　Ⅱのように，**等温膨張→断熱膨張→等温圧縮→断熱圧縮**で元に戻るサイクルを**カルノーサイクル**という。最も熱効率のよい熱サイクルとして知られており，等温変化の際の高温熱源の温度を T_H，低温熱源の温度を T_L として熱効率 e は

$$e = 1 - \frac{T_L}{T_H}$$

となる。

解答 ⑴　A→B は定積変化なので，A→B で気体に与えた熱を Q_{AB} とすると

$$Q_{AB} = nC_V(T_B - T_A) \quad \cdots ①$$

⑵　B→C で気体が外部にした仕事を W_{BC}，気体の内部エネルギーの変化を ΔU_{BC} とする。B→C は断熱変化なので，熱力学第 1 法則より

$$W_{BC} = -\Delta U_{BC} = -nC_V(T_C - T_B) = nC_V(T_B - T_C)$$

⑶　問題文中に与えられた式より

$$T_B V_1{}^{\gamma-1} = T_C V_2{}^{\gamma-1} \quad \therefore \quad T_C = \left(\frac{V_1}{V_2}\right)^{\gamma-1} T_B \quad \cdots ②$$

同様に

$$T_A V_1{}^{\gamma-1} = T_D V_2{}^{\gamma-1} \quad \therefore \quad T_D = \left(\frac{V_1}{V_2}\right)^{\gamma-1} T_A \quad \cdots ③$$

⑷　D→A で気体が外部にする仕事を W_{DA} とすると

$$W_{DA} = -nC_V(T_A - T_D)$$

A→B，C→D は定積変化で仕事をしない。ゆえに，1 サイクルで気体が外部にする仕事を W とすると

$$W = W_{BC} + W_{DA} = nC_V(T_B - T_C - T_A + T_D) \quad \cdots ④$$

(5) 気体に熱を与えたのは，A→B だけである。 ゆえに，熱効率を e とすると，①，④式より

$$e = \frac{W}{Q_{AB}} = \frac{T_B - T_C - T_A + T_D}{T_B - T_A} = 1 - \frac{T_C - T_D}{T_B - T_A}$$

これに②，③式を代入して式を整理すると

$$e = 1 - \frac{\left(\dfrac{V_1}{V_2}\right)^{\gamma-1} T_B - \left(\dfrac{V_1}{V_2}\right)^{\gamma-1} T_A}{T_B - T_A} = 1 - \left(\frac{V_1}{V_2}\right)^{\gamma-1} \quad \cdots ⑤$$

(6) ⑤式を変形して

$$e = 1 - \left(\frac{V_2}{V_1}\right)^{1-\gamma}$$

定圧モル比熱＞定積モル比熱 より，$\gamma > 1$ なので，$1 - \gamma < 0$ である。また，$V_1 < V_2$ より，$\dfrac{V_2}{V_1} > 1$ なので，$\dfrac{V_2}{V_1}$ が大きいほど $\left(\dfrac{V_2}{V_1}\right)^{1-\gamma}$ は小さくなり，e は大きくなる。ゆえに，熱効率を大きくするためには，圧縮比 $\dfrac{V_2}{V_1}$ を大きくした方がよい。

(7) Ⅱの気体の状態変化を p-V グラフにすると，図 2 のようになる。

A→B で気体に与えた熱を Q_{AB} とする。A→B は等温変化なので，熱力学第 1 法則より

$$Q_{AB} = W_{AB} \quad \cdots ⑥$$

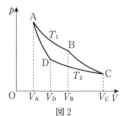

図 2

(8) B→C で気体が外部にした仕事を W_{BC}，内部エネルギーの変化を ΔU_{BC} とする。B→C は断熱変化なので，熱力学第 1 法則より

$$W_{BC} = -\Delta U_{BC} = -nC_V(T_2 - T_1) = nC_V(T_1 - T_2)$$

(9) A→B では体積が $V_A \to V_B$ となるので，問題文中の式より

$$W_{AB} = nRT_1 \log \frac{V_B}{V_A} \quad \cdots ⑦$$

同様に，C→D で気体が外部にした仕事を W_{CD} とすると

$$W_{CD} = nRT_2 \log \frac{V_D}{V_C} = -nRT_2 \log \frac{V_C}{V_D} \quad \cdots ⑧$$

また，問題文中の断熱変化の式より，B→C と D→A について

$$T_1 V_B{}^{\gamma-1} = T_2 V_C{}^{\gamma-1} \quad \text{および} \quad T_1 V_A{}^{\gamma-1} = T_2 V_D{}^{\gamma-1}$$

が成り立つ。この2式より

$$\frac{V_C}{V_D} = \frac{V_B}{V_A}$$

となる。これを⑧式に代入して

$$W_{CD} = -nRT_2 \log \frac{V_B}{V_A}$$

また，$D \to A$ で気体が外部にした仕事を W_{DA} とすると，(8)と同様に

$$W_{DA} = -nC_V(T_1 - T_2)$$

1サイクルで気体が外部にする仕事を W とすると

$$W = W_{AB} + W_{BC} + W_{CD} + W_{DA}$$

$$= nRT_1 \log \frac{V_B}{V_A} + nC_V(T_1 - T_2) - nRT_2 \log \frac{V_B}{V_A} - nC_V(T_1 - T_2)$$

$$= nR(T_1 - T_2) \log \frac{V_B}{V_A}$$

(10) 気体に熱を与えたのは $A \to B$ だけである。⑥，⑦式より

$$Q_{AB} = W_{AB} = nRT_1 \log \frac{V_B}{V_A}$$

ゆえに，熱効率を e とすると

$$e = \frac{W}{Q_{AB}} = \frac{nR(T_1 - T_2) \log \dfrac{V_B}{V_A}}{nRT_1 \log \dfrac{V_B}{V_A}} = 1 - \frac{T_2}{T_1}$$

右図のように，鉛直に置かれた断面積 S のシリンダー内に物質量 n の単原子分子理想気体がなめらかに動く軽いピストンで封入されている。ピストンの上に，質量 m のおもりを置く。気体の温度が T_0 のとき，シリンダーの底からの高さが h_0 の位置でピストンは静止した。この位置をつり合いの位置とする。大気圧を P_0，重力加速度の大きさを g とする。また，必要に応じて $|x| \ll 1$ のときに成り立つ近似式

$$(1+x)^a \fallingdotseq 1+ax$$

を用いてよい。

〔A〕 シリンダー，ピストンがともに十分に熱を伝え，シリンダー内の気体の温度は常に T_0 である場合を考える。

(1) ピストンがつり合いの位置にあるときの気体の圧力を求めよ。

　　ピストンに手で力を加えて微小な距離だけ押し下げ，静かにはなすとピストンは上昇した。ピストンがつり合いの位置から距離 y だけ下の位置を通過するときを考える。

(2) ピストンにはたらく合力を求めよ。ただし，$y \ll h_0$ とし，鉛直下向きを正とする。

(3) 手をはなした後，ピストンはどのような運動をするか，その特徴を答えよ。

〔B〕 次にシリンダー，ピストンがともに断熱材でできており，シリンダー内の気体と外部で熱の出入りがない場合を考える。初めの気体の温度は T_0 で，ピストンはつり合いの位置にあった。ピストンに手で力を加えて距離 d だけ押し下げた。このとき気体は断熱変化をする。断熱変化の際の気体の圧力 P と体積 V の間には

$$PV^{\frac{5}{3}} = 一定$$

という関係がある。

(4) ピストンを d だけ押し下げているときの気体の圧力を求めよ。

(5) このときの気体の温度を求めよ。

　　ピストンを押し下げた距離 d が h_0 に比べて十分に小さいとき，手をはなすとピストンは単振動をする。

(6) 単振動の周期を求めよ。

Point 微小な振動は，単振動である場合が多い >> (3), (6)

　熱力学に限らず，つり合いの状態から微小な距離だけずらしてはなし，振動現象が起こる場合，近似式を用いると力が変位に比例する復元力となり，単振動をする場合が多い。近似を用いるとき，このことを意識してみよう。つり合いの位置からの微小な変位を x として，式中に $(1+x)^a$ や $\dfrac{1}{(1+x)^a}$ の項を作って近似を適用することができないかを検討してみること。

解答 (1)　気体の圧力を P_1 とする。ピストンにはたらく力のつり合いより

$$P_0S+mg-P_1S=0 \quad \therefore \quad P_1=P_0+\frac{mg}{S} \quad \cdots ①$$

(2)　気体の圧力を P とする。気体の体積は $S(h_0-y)$ である。温度一定なので，ボイルの法則より

$$P_1Sh_0=PS(h_0-y)$$

$$\therefore \quad P=P_1\frac{h_0}{h_0-y}=P_1\left(\frac{1}{1-\dfrac{y}{h_0}}\right)$$

ここで $y\ll h_0$ より，$\dfrac{y}{h_0}\ll 1$ であるので近似を用いて，さらに①式の P_1 を代入して

$$P=P_1\left(\frac{1}{1-\dfrac{y}{h_0}}\right)≒P_1\left(1+\frac{y}{h_0}\right)=\left(P_0+\frac{mg}{S}\right)\left(1+\frac{y}{h_0}\right)$$

下向きを正として，ピストンにはたらく力の合力を f とすると

$$f=P_0S+mg-PS=P_0S+mg-\left(P_0+\frac{mg}{S}\right)\left(1+\frac{y}{h_0}\right)S$$

$$=-\frac{P_0S+mg}{h_0}y \quad \cdots ②$$

(3)　②式より，ピストンにはたらく合力 f は復元力であり，ピストンが単振動することを示している。中心は $f=0$ の点なのでつり合いの位置である。単振動の周期は

$$2\pi\sqrt{\frac{m}{\dfrac{P_0S+mg}{h_0}}}=2\pi\sqrt{\frac{mh_0}{P_0S+mg}}$$

ゆえに，つり合いの位置を中心とし，周期 $2\pi\sqrt{\dfrac{mh_0}{P_0S+mg}}$ の単振動をする。

(4)　気体の圧力を P_2 とする。断熱変化の式より

$$P_1(Sh_0)^{\frac{5}{3}}=P_2\{S(h_0-d)\}^{\frac{5}{3}}$$

$$\therefore \quad P_2=\left(\frac{h_0}{h_0-d}\right)^{\frac{5}{3}}P_1=\left(P_0+\frac{mg}{S}\right)\left(\frac{h_0}{h_0-d}\right)^{\frac{5}{3}}$$

(5) このときの気体の温度を T とする。ボイル・シャルルの法則より

$$\frac{P_1Sh_0}{T_0}=\frac{P_2\{S(h_0-d)\}}{T}$$

$$\therefore \quad T=\frac{P_2\{S(h_0-d)\}}{P_1Sh_0}T_0=\left(\frac{h_0}{h_0-d}\right)^{\frac{2}{3}}T_0$$

別解　単原子分子理想気体では断熱変化の際，温度 T と体積 V の間に

$$TV^{\frac{2}{3}}=\text{一定}$$

が成り立つ。これより

$$T_0(Sh_0)^{\frac{2}{3}}=T\{S(h_0-d)\}^{\frac{2}{3}} \quad \therefore \quad T=\left(\frac{h_0}{h_0-d}\right)^{\frac{2}{3}}T_0$$

(6) 手をはなした後，ピストンがつり合いの位置から距離 y だけ下の位置を通過するときを考える。このときの気体の圧力を P' とすると，(4)と同様に

$$P'=\left(P_0+\frac{mg}{S}\right)\left(\frac{h_0}{h_0-y}\right)^{\frac{5}{3}}=\left(P_0+\frac{mg}{S}\right)\left(\frac{1}{1-\dfrac{y}{h_0}}\right)^{\frac{5}{3}}$$

$$\fallingdotseq\left(P_0+\frac{mg}{S}\right)\left(1+\frac{5y}{3h_0}\right)$$

これよりピストンにはたらく力の合力を f' とすると，下向きを正として

$$f'=P_0S+mg-P'S=P_0S+mg-\left(P_0+\frac{mg}{S}\right)\left(1+\frac{5y}{3h_0}\right)S$$

$$=-\frac{5(P_0S+mg)}{3h_0}y$$

f' は復元力であるので，ピストンの運動は単振動となり，周期は

$$2\pi\sqrt{\frac{m}{\dfrac{5(P_0S+mg)}{3h_0}}}=2\pi\sqrt{\frac{3mh_0}{5(P_0S+mg)}}$$

重要

以下の空欄のア～サに入る適切な式を答えよ。

空気が上昇気流により断熱膨張するときの，温度や密度の変化について考えよう。空気を理想気体と考え，定積モル比熱を C_V とする。また，気体定数を R，重力加速度の大きさを g とする。

物質量 1 mol の空気の圧力，体積，温度を，それぞれ P，V，T から $P+\Delta P$，$V+\Delta V$，$T+\Delta T$ へ断熱的に微小変化させた。このとき，空気がした仕事は $\boxed{\quad ア \quad}$，内部エネルギーの変化は $\boxed{\quad イ \quad}$ である。これより，熱力学第1法則を用いて

$$\frac{\Delta V}{V} = \boxed{\quad ウ \quad} \times \frac{\Delta T}{T} \quad \cdots ①$$

となる。また，気体の状態方程式より，微小量の2次の項を無視すると，P，V，T，ΔP，ΔV，ΔT の関係は

$$\frac{\Delta V}{V} = \boxed{\quad エ \quad} \quad \cdots ②$$

となる。ここで，定圧モル比熱を C_P として比熱比 $\gamma = \dfrac{C_P}{C_V}$ とする。①，②式より，P，T，ΔP，ΔT の関係は，γ を用いて

$$\frac{\Delta P}{P} = \boxed{\quad オ \quad} \times \frac{\Delta T}{T} \quad \cdots ③$$

となる。

断熱膨張をしながら上昇している気体について，鉛直上向きに z 軸をとり，地表からの高度を z とする。図1のように，軸が鉛直で，断面積 S，微小な高さ Δz の円柱形の空気柱を考える。円柱の下面と上面の圧力をそれぞれ P，$P+\Delta P$，温度をそれぞれ T，$T+\Delta T$ とする。高度 z での空

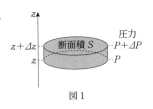

図1

気の密度を ρ とし，高さ Δz の空気では一様とする。空気にはたらく力のつり合いより

$$\Delta P = \boxed{\quad カ \quad} \quad \cdots ④$$

となる。ここで，空気のモル質量を M とすると，圧力 P，温度 T の空気の密度 $\rho = \boxed{\quad キ \quad}$ であるので，③，④式より ΔT と Δz の関係を γ，M，R，g を用いて表すと

$$\Delta T = \boxed{\quad ク \quad} \times \Delta z$$

となる。これより，地上（$z=0$）での温度を T_0 とすると，T は

$$T = \boxed{} \quad \cdots ⑤$$

となる。ここで，地表と高度 z での空気の体積をそれぞれ V_0，V とすると，①式より

$$\log \frac{V}{V_0} = \boxed{} \times \log \frac{T}{T_0}$$

となることが知られている。これより，$\dfrac{V}{V_0}$ を γ，T_0，T で表すと

$$\frac{V}{V_0} = \boxed{} \quad \cdots ⑥$$

となる。空気の密度は体積に反比例するので，⑥式，さらに⑤式より，地上での空気の密度を ρ_0 として，ρ を z，ρ_0，T_0，γ，M，R，g で表すと

$$\rho = \boxed{}$$

となる。

設問別難易度：ア，イ，キ ☺☺☐☐☐　ウ，カ ☺☺☺☐☐
エ，ク，コ ☺☺☺☺☐　オ，ケ，サ ☺☺☺☺☺

Point 1 微小変化で気体がする仕事 》 ア

気体の圧力 p，体積 V が微小な量だけ変化するとき，圧力は一定でなくても，気体がする仕事は $p \varDelta V$ として求める。

Point 2 気体にはたらく重力と圧力 》 カ

通常，気体の密度は小さいので，気体にはたらく重力は無視する場合が多い。この場合，気体の圧力は高さによって変化せず一様とみなせる。高低差が大きいときは，気体にはたらく重力が無視できなくなり，高さにより圧力が異なることになる。

Point 3 $\varDelta y = A \varDelta x$ 》 ク，ケ

変数 x，y のそれぞれの微小変化 $\varDelta x$，$\varDelta y$ の関係が A を定数として

$$\varDelta y = A \varDelta x$$

である場合，x と y の関係は

$$y = y_0 + Ax$$

となる。ただし，y_0 は $x = 0$ のときの y の値である。

Point 4 問題は最後まで目を通す 》 コ

本問はかなり難しいが，空欄コなどは結局，知っている公式（断熱変化の式）である。このように，知っている公式を導く過程を問う問題も多い。途中は難しくても，

後の方の設問は答えられる場合も多いので，問題は必ず最後まで読み，全ての設問に目を通すことが大切である。

解答　ア．微小な変化であるので，空気がした仕事を W とすると

$$W = P\Delta V$$

イ．内部エネルギーの変化を ΔU とすると

$$\Delta U = C_V \Delta T$$

ウ．断熱変化であるので，熱力学第 1 法則にアとイの結果を代入し，また，気体の状態方程式 $PV = RT$ も用いて

$$0 = \Delta U + W = C_V \Delta T + P\Delta V = C_V \Delta T + \frac{RT}{V}\Delta V$$

$$\therefore \quad \frac{\Delta V}{V} = -\frac{C_V}{R} \times \frac{\Delta T}{T} \quad \cdots ①$$

エ．変化後の状態について，気体の状態方程式より

$$(P + \Delta P)(V + \Delta V) = R(T + \Delta T)$$

$$PV + P\Delta V + V\Delta P + \Delta P \cdot \Delta V = RT + R\Delta T$$

ここで，微小量の 2 次の項 $\Delta P \cdot \Delta V$ を無視し，また $PV = RT$ より

$$P\Delta V + V\Delta P \fallingdotseq R\Delta T = \frac{PV}{T}\Delta T$$

両辺を PV で割って

$$\therefore \quad \frac{\Delta V}{V} = \frac{\Delta T}{T} - \frac{\Delta P}{P} \quad \cdots ②$$

オ．①，②式より

$$-\frac{C_V}{R} \cdot \frac{\Delta T}{T} = \frac{\Delta T}{T} - \frac{\Delta P}{P} \qquad \therefore \quad \frac{\Delta P}{P} = \left(\frac{R + C_V}{R}\right)\frac{\Delta T}{T}$$

ここで，マイヤーの法則 $C_P - C_V = R$ より

$$\frac{R + C_V}{R} = \frac{C_P}{C_P - C_V} = \frac{\dfrac{C_P}{C_V}}{\dfrac{C_P}{C_V} - 1} = \frac{\gamma}{\gamma - 1}$$

これより

$$\frac{\Delta P}{P} = \frac{\gamma}{\gamma - 1} \times \frac{\Delta T}{T} \quad \cdots ③$$

カ．図 2 のように，高さ Δz の空気にはたらく力のつり合いより

$$(P + \Delta P)S + \rho Sg\Delta z - PS = 0$$

$$\therefore \quad \Delta P = -\rho g\Delta z \quad \cdots ④$$

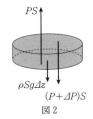

図 2

キ. 空気 1 mol の体積を V とすると

$$\rho = \frac{M}{V} = \frac{M}{\dfrac{RT}{P}} = \frac{PM}{RT} \quad \cdots ⓐ$$

ク. ④式にⒶ式の ρ を代入して

$$\Delta P = -\frac{PMg}{RT}\Delta z \qquad \therefore \quad \frac{\Delta P}{P} = -\frac{Mg}{RT}\Delta z$$

これと，③式より

$$\frac{\gamma}{\gamma-1}\cdot\frac{\Delta T}{T} = -\frac{Mg}{RT}\Delta z \qquad \therefore \quad \Delta T = -\left(1-\frac{1}{\gamma}\right)\frac{Mg}{R}\times\Delta z \quad \cdots ⓑ$$

ケ. γ, M, R, g は全て定数なので，Ⓑ式より T と z は比例する。ゆえに

$$T = T_0 - \left(1-\frac{1}{\gamma}\right)\frac{Mg}{R}z \quad \cdots ⑤$$

コ. ウの結果を γ を用いる形にすると

$$-\frac{C_V}{R} = -\frac{C_V}{C_P - C_V} = -\frac{1}{\dfrac{C_P}{C_V}-1} = -\frac{1}{\gamma-1}$$

ゆえに，問題文中の式は

$$\log\frac{V}{V_0} = -\frac{1}{\gamma-1}\times\log\frac{T}{T_0} = \log\left(\frac{T}{T_0}\right)^{-\frac{1}{\gamma-1}} = \log\left(\frac{T_0}{T}\right)^{\frac{1}{\gamma-1}}$$

$$\therefore \quad \frac{V}{V_0} = \left(\frac{T_0}{T}\right)^{\frac{1}{\gamma-1}} \quad \cdots ⑥$$

別解　断熱変化での温度 T と体積 V の関係式より

$$T_0 V_0{}^{\gamma-1} = T V^{\gamma-1} \qquad \therefore \quad \frac{V}{V_0} = \left(\frac{T_0}{T}\right)^{\frac{1}{\gamma-1}}$$

サ. 密度は体積に反比例するので，⑥式を用い，さらに⑤式を代入して

$$\frac{\rho}{\rho_0} = \frac{1}{\dfrac{V}{V_0}} = \left(\frac{T}{T_0}\right)^{\frac{1}{\gamma-1}}$$

$$\therefore \quad \rho = \rho_0\left(\frac{T}{T_0}\right)^{\frac{1}{\gamma-1}} = \rho_0\left\{1-\left(1-\frac{1}{\gamma}\right)\frac{Mg}{RT_0}z\right\}^{\frac{1}{\gamma-1}}$$

第2章 電磁気

高校物理における2大分野のうちの1つだよ。問題数が多いから，電磁気分野が苦手な人は，まずは🙂🙂□□□や🙂🙂🙂□□の問題だけ解いてみて，実力がついていることを確認してから🙂🙂🙂🙂□や😤😤😤😤の問題に取り組んでみよう。

静電気力と電場

問題16 難易度：⏻⏻⏻⏻☐

図1のように xy 平面上で，点 A$(a, 0)$ に電気量 $-Q$ の負の点電荷，点 B$(-a, 0)$ に電気量 $+2Q$ の正の点電荷を置く。クーロンの法則の比例定数を k，電位の基準を無限の遠方とする。

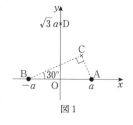

図1

(1) 原点 O での電場（電界）の強さと向きを求めよ。

(2) y 軸上の任意の点 P$(0, y)$ での電場の強さの x 成分，y 成分をそれぞれ求めよ。

(3) 図1中の点 C での電場の強さの x 成分を求めよ。ただし，$\angle \mathrm{ACB}=90°$，$\angle \mathrm{ABC}=30°$ である。

(4) O および点 D$(0, \sqrt{3}a)$ の電位を求めよ。

(5) 電気量 $-q$ の電荷を O から D までゆっくり運ぶとき，運ぶ力のする仕事を求めよ。

(6) xy 平面上で電位が 0 である等電位線が満たす式を求め，どのような形になるか答えよ。

(7) 電位 0 の等電位線上で，電場の向きが y 軸負の向きになる位置の座標を求めよ。

設問別難易度：(1), (4) ⏻⏻☐☐☐　(2), (3), (5) ⏻⏻⏻☐☐　(6), (7) ⏻⏻⏻⏻☐

Point 1　電場（電界）と電位 ≫ (1)〜(7)

電気量 q の電荷を置いたときにはたらく静電気力が $\vec{F}$ のとき

$$\vec{F}=q\vec{E}$$

の式を満たす $\vec{E}$ が，その点の電場（電界）である。負電荷であれば，$\vec{E}$ と $\vec{F}$ の向きは逆になる。また，この電荷の静電気力による位置エネルギーが U のとき

$$U=qV$$

の式を満たす V が，その地点の電位である。電場はベクトル，電位はスカラーであることを常に意識すること。

Point 2 点電荷による電場と電位 ≫ (1)〜(4), (6)

　電気量 Q の点電荷から距離 r の位置での電場の強さ E は，クーロンの法則の比例定数を k として

$$E=\frac{k\,|\,Q\,|}{r^{2}}$$

向きは，正電荷であれば点電荷から遠ざかる向き，負電荷であれば点電荷に向かう向きである。
また，この点での電位 V は

$$V=\frac{kQ}{r}$$

である。これらを混同しないようにしよう。

Point 3 電場，電位の重ね合わせ ≫ (1)〜(4), (6)

　電場，電位をつくる電荷が複数あるとき，電場 $\vec{E}$，電位 V は

$$\vec{E}=\vec{E_{1}}+\vec{E_{2}}+\vec{E_{3}}+\cdots$$
$$V=V_{1}+V_{2}+V_{3}+\cdots$$

と，単純に和になる。このときも電場はベクトル，電位はスカラーであることを意識して和を求めること。

Point 4 等電位面と電場 ≫ (7)

　電位が等しい点を連ねた面を等電位面という。電場の向きは等電位面に直交する向きである。等電位面とある平面が交わる線を等電位線という。電場の向きは等電位線にも直交する向きである。

解答　(1)　O に A，B の電荷がつくる**電場の向きは，ともに x 軸正の向き**である。
　　　　O での電場の強さを E_0 とすると，**重ね合わせの原理より**

$$E_0=\frac{k\,|-Q|}{a^{2}}+\frac{k\cdot 2Q}{a^{2}}=\frac{3kQ}{a^{2}}$$

　　　　強さ：$\dfrac{3kQ}{a^{2}}$　　向き：x 軸正の向き

(2)　図 2 のように，∠OAP＝∠OBP＝α とする。A の負電荷が P につくる電場の強さの x，y 成分は，それぞれ

　　　　　x 成分：$\dfrac{k\,|-Q|}{a^{2}+y^{2}}\cos\alpha$

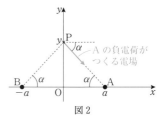

図 2

$$= \frac{k|-Q|}{a^2+y^2} \times \frac{a}{\sqrt{a^2+y^2}} = \frac{kQa}{(a^2+y^2)^{\frac{3}{2}}}$$

y 成分：$-\dfrac{k|-Q|}{a^2+y^2}\sin\alpha$

$$= -\frac{k|-Q|}{a^2+y^2} \times \frac{y}{\sqrt{a^2+y^2}} = -\frac{kQy}{(a^2+y^2)^{\frac{3}{2}}}$$

B の正電荷が P につくる電場も同様に考えて

x 成分：$\dfrac{k\cdot 2Q}{a^2+y^2}\cos\alpha = \dfrac{2kQa}{(a^2+y^2)^{\frac{3}{2}}}$

y 成分：$\dfrac{k\cdot 2Q}{a^2+y^2}\sin\alpha = \dfrac{2kQy}{(a^2+y^2)^{\frac{3}{2}}}$

重ね合わせの原理より，P の電場の x 成分，y 成分は

x 成分：$\dfrac{kQa}{(a^2+y^2)^{\frac{3}{2}}} + \dfrac{2kQa}{(a^2+y^2)^{\frac{3}{2}}} = \dfrac{3kQa}{(a^2+y^2)^{\frac{3}{2}}}$

y 成分：$-\dfrac{kQy}{(a^2+y^2)^{\frac{3}{2}}} + \dfrac{2kQy}{(a^2+y^2)^{\frac{3}{2}}} = \dfrac{kQy}{(a^2+y^2)^{\frac{3}{2}}}$

(3) $AC=2a\sin30°=a$，$BC=2a\cos30°=\sqrt{3}\,a$ である。図 3 より，重ね合わせの原理を用いて

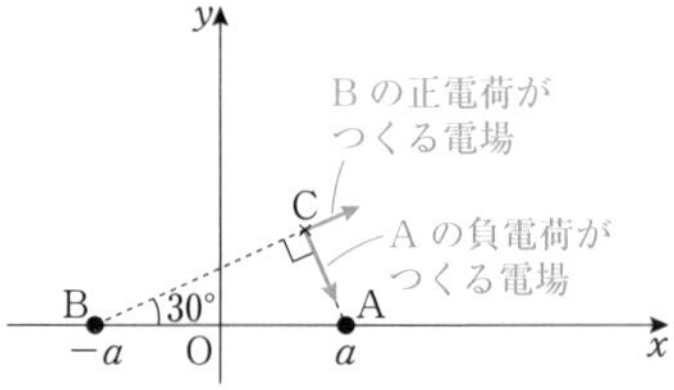

x 成分：$\dfrac{k|-Q|}{a^2}\sin30°$

$$+ \frac{k\cdot 2Q}{(\sqrt{3}\,a)^2}\cos30°$$

$$= \frac{k|-Q|}{a^2} \times \frac{1}{2} + \frac{k\cdot 2Q}{3a^2} \times \frac{\sqrt{3}}{2}$$

$$= \frac{kQ}{a^2}\left(\frac{1}{2}+\frac{\sqrt{3}}{3}\right)$$

図 3

(4) O および D の電位をそれぞれ V_0，V_D とする。$AD=BD=2a$ なので

$$V_0 = \frac{k(-Q)}{a} + \frac{k\cdot 2Q}{a} = \frac{kQ}{a} \quad , \quad V_D = \frac{k(-Q)}{2a} + \frac{k\cdot 2Q}{2a} = \frac{kQ}{2a}$$

(5) $-q$ の電荷が，O および D にあるときの**静電気力による位置エネルギー**をそれぞれ U_0，U_D とすると

$$U_0 = -qV_0 = -\frac{kQq}{a} \quad , \quad U_D = -qV_D = -\frac{kQq}{2a}$$

O から D まで，この電荷を**ゆっくり運ぶ仕事**を W とすると，**W は位置エ**

ネルギーの変化量と等しいので

$$W=U_D-U_O=-\frac{kQq}{2a}-\left(-\frac{kQq}{a}\right)=\frac{kQq}{2a}$$

⑹ 任意の点 (x, y) で，A，B からの距離を考えて電位を考える。電位を V とすると，$V=0$ の点は

$$V=\frac{k(-Q)}{\sqrt{(x-a)^2+y^2}}+\frac{k\cdot2Q}{\sqrt{(x+a)^2+y^2}}=0$$

$$\therefore \quad \sqrt{(x+a)^2+y^2}=2\sqrt{(x-a)^2+y^2}$$

両辺を 2 乗して整理して

$$3x^2-10ax+3y^2+3a^3=0$$

$$\left(x-\frac{5}{3}a\right)^2+y^2=\left(\frac{4}{3}a\right)^2$$

この式より，等電位線の形は図 4 のように，

中心 $\left(\dfrac{5}{3}a, \ 0\right)$，半径 $\dfrac{4}{3}a$ の円 となる。

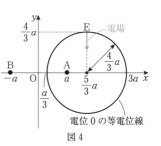

電位 0 の等電位線

図 4

⑺ **電場の向きは等電位線に直交する向き**である。また，電場は電位の高い点から低い点に向かう。つまり，正電荷から負電荷へ向かう向きである。円形である電位 0 の等電位線上で，電場の向きが y 軸負の向きになるのは，円の中心から y 軸正の向きに離れた円周上で，図 4 の点 E である。ゆえに，座標は

$$\left(\frac{5}{3}a, \ \frac{4}{3}a\right)$$

　図1のように，なめらかな水平面上で点Oを原点としてx，y軸をとる。x軸正の向きに強さEの一様な電場（電界）がかけられている。長さLの軽くて伸び縮みしない絶縁体の糸が一端をOで固定され，他端には電気量q（$q>0$）に帯電した質量mの小球が取りつけられている。糸はOのまわりを自由に回転できるものとする。糸を張った状態で小球を点A$(L,\ 0)$に置き，静止させた。

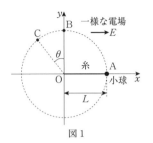

図1

(1)　このときの糸の張力を求めよ。

　小球にy軸正の向きに速さv_1の初速度を与えたところ，糸が張った状態のまま小球は点B$(0,\ L)$に到達して速度が0になった。

(2)　Aを基準としてBの電位を求めよ。

(3)　小球がAからBまで移動する間に，静電気力が小球にした仕事を求めよ。

(4)　v_1を求めよ。

　小球を再びAに静止させ，y軸正の向きに速さv_2（$v_2>v_1$）で打ち出すと，小球は半径Lの円軌道を一周した。

(5)　小球が図1の点Cを通過するときの小球の速さと糸の張力を求めよ。ただし，$\angle \mathrm{BOC}=\theta$である。

(6)　小球が円軌道を一周するための，v_2の最小値を求めよ。

　Aから打ち出す小球の速さをv_3にすると，C$\left(\text{ただし，ここでは}\ \angle \mathrm{BOC}=\dfrac{\pi}{6}\ \text{とする}\right)$で糸がたるんだ。

(7)　v_3を求めよ。

(8)　糸がたるんだ瞬間を時刻$t=0$とする。糸がたるんでいる間の時刻tでの小球の位置座標$(x,\ y)$を求めよ。

設問別難易度：(1)～(3) ⊠⊠◻◻◻　(4)～(7) ⊠⊠⊠◻◻　(8) ⊠⊠⊠⊠◻

Point 1　電場（電界）と電位の関係，一様な電場中の電位　≫ (2), (5)

　電位は高さ，電場（電界）は勾配（傾斜）とすると考えやすい。電場の向きは電位の高い方から低い方へ向いている。一様な電場中では，ある点での電位Vは

$$V = 電場の大きさ × 電位の基準からある点までの，電場に平行な距離$$

Point 2　エネルギー保存則 ≫ (4), (5)

　電荷に静電気力のみが仕事をするとき，運動エネルギーと静電気力による位置エネルギーの和が保存する。電荷の質量 m，電気量 q，速さ v とし，電位 V とすると

$$\frac{1}{2}mv^2+qV=\text{一定}$$

解答 （1）　小球には x 軸正の向きに大きさ qE の静電気力と，x 軸負の向きに張力がはたらく。張力の大きさを T_0 として，力のつり合いより

$$qE-T_0=0 \quad \therefore \quad T_0=qE$$

（2）　A と B は，電場と平行な方向に距離 L だけ離れている。また，電場の向きから考えて，B の方が電位が高いので，B の電位を V_B とすると

$$V_\mathrm{B}=EL$$

（3）　A で小球の静電気力による位置エネルギーは 0 である。静電気力が小球にした仕事を W とすると，仕事と位置エネルギーの関係より

$$W=-(qV_\mathrm{B}-0)=-qEL$$

（4）　エネルギー保存則より

$$\frac{1}{2}mv_1{}^2=qEL \quad \therefore \quad v_1=\sqrt{\frac{2qEL}{m}}$$

（5）　A から C まで，電場に平行な距離は，$L(1+\sin\theta)$ であるので，C の電位は $EL(1+\sin\theta)$ である。C での小球の速さを v とすると，エネルギー保存則より

$$\frac{1}{2}mv_2{}^2=\frac{1}{2}mv^2+qEL(1+\sin\theta)$$

$$\therefore \quad v=\sqrt{v_2{}^2-\frac{2qEL}{m}(1+\sin\theta)} \quad \cdots ①$$

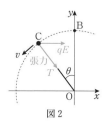

図 2

また，C で小球にはたらく力は図 2 のようになる。糸の張力の大きさを T として，円運動の運動方程式より

$$\frac{mv^2}{L}=T+qE\sin\theta \quad \therefore \quad T=\frac{mv^2}{L}-qE\sin\theta$$

①式の v を代入して

$$T=\frac{mv_2{}^2}{L}-qE(2+3\sin\theta) \quad \cdots ②$$

（6）　$\theta=\dfrac{\pi}{2}$ のときに $T≧0$ であれば，糸がたるまずに小球は円軌道を一周する。

②式より

$$T = \frac{mv_2{}^2}{L} - qE\left(2 + 3\sin\frac{\pi}{2}\right) \geqq 0 \qquad \therefore \quad v_2 \geqq \sqrt{\frac{5qEL}{m}}$$

ゆえに，v_2 の最小値は $\sqrt{\dfrac{5qEL}{m}}$

(7) ②式で v_2 を v_3 に置き換えて，$\theta = \dfrac{\pi}{6}$ で $T = 0$ になるので

$$T = \frac{mv_3{}^2}{L} - qE\left(2 + 3\sin\frac{\pi}{6}\right) = 0 \qquad \therefore \quad v_3 = \sqrt{\frac{7qEL}{2m}}$$

(8) 糸がたるんでいるとき，**小球には x 軸正の向きに静電気力だけがはたらく**。x 方向の加速度を a とすると，運動方程式より

$$ma = qE \qquad \therefore \quad a = \frac{qE}{m}$$

y 方向には加速度をもたないので，**小球は x 軸方向に等加速度運動，y 軸方向に等速運動をする。つまり，放物運動をする**。また，糸がたるんだときの小球の速さを v_C とすると，v_C は①式より

$$v_C = \sqrt{\frac{7qEL}{2m} - \frac{2qEL}{m}\left(1 + \sin\frac{\pi}{6}\right)} = \sqrt{\frac{qEL}{2m}}$$

また，C での速度の x，y 成分をそれぞれ v_x，v_y として，図3より

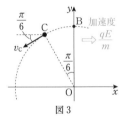

図3

$$v_x = -v_C\cos\frac{\pi}{6} = -\frac{1}{2}\sqrt{\frac{3qEL}{2m}}$$

$$v_y = -v_C\sin\frac{\pi}{6} = -\frac{1}{2}\sqrt{\frac{qEL}{2m}}$$

また，C の位置座標は $\left(-L\sin\dfrac{\pi}{6},\ L\cos\dfrac{\pi}{6}\right) = \left(-\dfrac{L}{2},\ \dfrac{\sqrt{3}}{2}L\right)$ である。よって，時刻 t での小球の位置座標は

$$x = -\frac{L}{2} + v_x t + \frac{1}{2}at^2 = -\frac{L}{2} - \frac{1}{2}\sqrt{\frac{3qEL}{2m}}\,t + \frac{qE}{2m}t^2$$

$$y = \frac{\sqrt{3}}{2}L + v_y t = \frac{\sqrt{3}}{2}L - \frac{1}{2}\sqrt{\frac{qEL}{2m}}\,t$$

参考 本問では，小球にはたらく力の大きさは qE で一定で，かつ向きも変化しない。これは，重力のみがはたらく状態で糸につけられた質点の運動と同じである。力の大きさを $qE \rightarrow mg$，つまり加速度を $\dfrac{qE}{m} \rightarrow g$ と置き換えれば，力学の問題と全く同じに考えられる。

問題18　難易度：☺☺☺▢▢

図1に示すように，水平に固定した
摩擦のない絶縁体の細い棒に，質量
M，電荷 Q（$Q>0$）をもつビーズ A
と，質量 m（$M>m$），電荷 Q をもつビーズ B を通し，長さ L の絶縁体の糸
の両端を A，B に取りつけた。クーロンの法則の比例定数を k とし，ビーズ
は非常に小さく，大きさや回転の効果は無視できるものとする。また，糸は伸
びることなく，質量は無視でき，糸と棒が接触することはないものとする。

図1

(1)　A と B が静止しているとき，糸の張力を求めよ。

(2)　A から B の向きに強さ E の一様な電場をかけると，A と B は運動を始め
た。A の加速度と糸の張力を求めよ。

(3)　(1)の状態から，図2に示すように
糸の中点 P で鉛直下向きに糸を引
っ張ると，A と B の距離が d とな
ったところで A，B は静止した。
このときの糸の張力を求めよ。

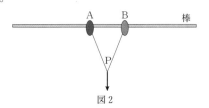

図2

(4)　(3)の状態から糸を静かにはなすと，
A と B は遠ざかりはじめた。糸に張力が発生する直前の B の速さを求めよ。

設問別難易度：(1)☺▢▢▢▢　(2), (3)☺☺▢▢▢　(4)☺☺☺▢▢

Point　静電気力による位置エネルギー　≫ (4)

電気量がそれぞれ Q_A，Q_B の電荷 A，B が距離 r だけ離れているとき，クーロン
の法則の比例定数を k とすると，静電気力による位置エネルギー U は

$$U = \frac{kQ_A Q_B}{r}$$

となるが，これは **A，B からなる体系全体の位置エネルギー**である。A，B 両方の
運動を考えるときも，位置エネルギーを 2 倍する必要はない。

解答　(1)　A，B にはたらく力のうち，棒に平行な方向の力は，静電気力と張力であ
る。張力の大きさを T_0 として

$$T_0 - \frac{kQ^2}{L^2} = 0 \quad \therefore \quad T_0 = \frac{kQ^2}{L^2}$$

(2) A，Bには，図3のように，AB間の静
電気力，糸の張力に加えて，**電場からA
→Bの向きに大きさQEの静電気力がは
たらく**。A，Bは図の右向きに動き出すが，
$M>m$なので，糸は張ったまま運動する。

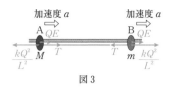

図3

糸の張力の大きさをTとする。糸が張った状態なので，A，Bの加速度は
等しく，右向きを正としてaとする。A，Bの運動方程式は

$$A : Ma = -\frac{kQ^2}{L^2} + QE + T$$

$$B : ma = \frac{kQ^2}{L^2} + QE - T$$

この2式を解いて

$$a = \frac{2QE}{M+m} \quad , \quad T = \frac{kQ^2}{L^2} + \frac{M-m}{M+m}QE$$

(3) A，Bには，図4のように，AB間の静電気
力，糸の張力と，棒に垂直に棒からの力がはた
らく。静電気力の大きさは$\dfrac{kQ^2}{d^2}$である。糸の
張力の大きさをT_1とし，図のように角θをと
る。Aにはたらく力の，棒に平行な方向のつ
り合いより

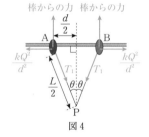

図4

$$T_1\sin\theta - \frac{kQ^2}{d^2} = 0$$

$$\therefore \quad T_1 = \frac{\dfrac{kQ^2}{d^2}}{\sin\theta} = \frac{\dfrac{kQ^2}{d^2}}{\dfrac{d}{L}} = \frac{kQ^2 L}{d^3}$$

(4) (3)の状態と，糸に張力が発生する直前の**A，Bの静電気力による位置エ
ネルギー**を，それぞれU_P，U_0とする。位置エネルギーの基準を無限の遠方
として

$$U_P = \frac{kQ^2}{d} \quad , \quad U_0 = \frac{kQ^2}{L}$$

このときのA，Bの速さをそれぞれV，vとする。**エネルギー保存則より**

$$U_P = \frac{1}{2}MV^2 + \frac{1}{2}mv^2 + U_0 \quad \cdots ①$$

A，Bおよび糸からなる物体系を考えると，**棒の平行方向には内力（静電気**

力と糸の張力）のみがはたらくので，棒の平行方向の運動量保存則より

$$0 = -MV + mv \quad \cdots ②$$

①式に上で求めた U_P，U_0 を代入し，①，②式から V を消去して

$$v = Q\sqrt{\dfrac{2kM(L-d)}{(M+m)mLd}}$$

以下の空欄のア〜コに入る適切な式を答えよ。また，問1〜問3に答えよ。

真空中に，電気量 $+Q$ $(Q>0)$ に帯電した半径 a の導体球 A がある。真空中のクーロンの法則の比例定数を k_0 とすると，ガウスの法則より，この導体球から出ていく電気力線の本数は ア 本である。

問1．A の中心を含む断面で，電荷の分布の様子と電気力線の概略を描け。正電荷は＋，負電荷は−を記入し，また電気力線の方向もわかるように描くこと。

A の中心から距離 r $(r>a)$ の点で，電場の強さは イ ，電位は無限の遠方を基準として ウ である。電気量 $+q$ $(q>0)$ の電荷を，$r=2a$ の点から $r=a$ の点までゆっくり運ぶために必要な仕事は エ である。

次に，図1のように内部に半径 $2a$ の球状の空洞がある半径 $3a$ の帯電していない導体球 B と，電気量 $+Q$ $(Q>0)$ に帯電した半径 a の導体球 A を，中心を一致させて置く。B の外部に出ていく電気力線は，B を包む閉じた曲面内に電荷 $+Q$ があることから オ 本である。

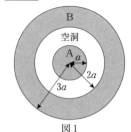

図1

問2．問1と同様に A，B の中心を含む断面で，電荷の分布の様子と電気力線の概略を描け。

A，B の中心から距離 r の点での電場の強さは，電気力線の疎密を考えて，$3a<r$ では カ ，$a<r<2a$ では キ である。

問3．横軸に導体球の中心からの距離 r $(r>0)$ をとり，縦軸に電場の強さをとったグラフを描け。

次に電位について考える。ただし，電位の基準を無限の遠方とする。A だけの場合と比べることで，中心から距離 r $(r>3a)$ の点での電位は ク となる。また，$r=2a$ の点の電位は ケ ，$r=a$ の点の電位は コ である。

設問別難易度：ア ▣▢▢▢▢　イ，ウ，問1 ▣▣▢▢▢　エ〜ク，問2，問3 ▣▣▣▢▢
　　　　　　　ケ ▣▣▣▣▢　コ ▣▣▣▣▣

Point 1 ガウスの法則 ≫ ア，イ，オ，カ，キ，問1〜問3

電気量 Q の正電荷からは，全部で $4\pi kQ$ 本の電気力線が出る。ただし，k はクーロンの法則の比例定数である。電気量 $-Q$ の負電荷へは $4\pi kQ$ 本の電気力線が入ることになる。電気力線の接線の向きが電場の向きである。また，疎密が電場の強さを示し，電気力線に垂直な面の単位面積あたりの通過本数が電場の強さとなる。

Point 2 ┊ 導体の性質 ≫ ケ，問1～問3

　導体の内部の電場は 0 であるので，電気力線は導体を通過しない。そのため，電荷は必ず導体の表面に分布する。電気力線は表面の正電荷から導体外部に出て，外部から表面の負電荷で消える。また，導体内の電場が 0 なので，導体内に電位差はなく等電位である。

Point 3 ┊ 電場と電位の関係 ≫ ケ，コ

　電位は高さ，電場は勾配（傾斜）である。そのため，電場の様子（電気力線の状態）が同じ領域があれば，その間の電位差も同じである。なお一直線上（x 軸とする）で，電場 E と電位 V には

$$E=-\frac{dV}{dx} \quad , \quad V=-\int Edx$$

の関係がある。

解答　ア．ガウスの法則より　　$4\pi k_0 Q$ 本

　　　問1．A の**表面に正電荷**が現れる。対称性より電荷の分布は均一で，電気力線は外へ放射状に出るので，図2のようになる。

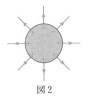

図2

　　　イ．A の中心から距離 r のところでは，どこでも電場の強さは同じであり，その値を E とする。半径 r の球面を考えると，表面積は $4\pi r^2$ であるので

　　　　　　電場の強さ E＝単位面積あたりの電気力線の通過本数

　　　より

$$E=\frac{4\pi k_0 Q}{4\pi r^2}=\frac{k_0 Q}{r^2}$$

　　　ウ．A の外部での電気力線の状態を考えると，電気量 $+Q$ の点電荷の周りの電気力線の状態と同じなので，電場の様子も同じになる。ゆえに，**無限の遠方から電荷を運ぶ仕事も同じ**なので，無限の遠方を基準としたときの**電位も A の外部と点電荷で同じ**になる。ゆえに，A の中心から距離 r の位置での電位を V とすると

$$V=\frac{k_0 Q}{r}$$

　　　エ．$r=a$，$r=2a$ の点の電位をそれぞれ V_1，V_2 とすると

$$V_1=\frac{k_0 Q}{a} \quad , \quad V_2=\frac{k_0 Q}{2a}$$

電気量 $+q$ の電荷を運ぶ仕事を W とすると

$$W = q(V_1 - V_2) = q\left(\frac{k_0 Q}{a} - \frac{k_0 Q}{2a}\right) = \frac{k_0 Q q}{2a}$$

オ．B のもつ電荷は 0 だが，B を包む閉じた曲面内には当然 A を含むので，合計で電気量 $+Q$ を含むことになる。よって，ガウスの法則より

　　$4\pi k_0 Q$ 本

問 2．A からは $4\pi k_0 Q$ 本の電気力線が出る

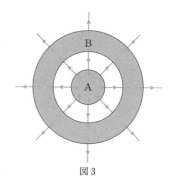

図 3

が，**電気力線は導体中を通過できないので，B の内側の面で消える。**$4\pi k_0 Q$ 本の電気力線が消えるので，B の内側の面には電気量 $-Q$ の負電荷があることになる。B 全体の電気量は 0 なので，**電気量保存則より B の外側の面には電気量 $+Q$ の正電荷が現れ，電気力線が出る。**これらが，対称性より均一に分布するので図 3 のようになる。

カ．**B の外部での電気力線の状態は，イの場合と同じなので，**電場の強さを E' とすると

$$E' = \frac{k_0 Q}{r^2}$$

キ．同様に，**A と B の間の空洞での電気力線の状態は，イの場合と同じなの**で，電場の強さ E' は

$$E' = \frac{k_0 Q}{r^2}$$

問 3．導体内の電場は 0 である。つまり A $(r \leqq a)$ と，B $(2a \leqq r \leqq 3a)$ の内部では，電場は 0 である。このことと，カ，キの答えより，図 4 のようになる。

ク．無限の遠方から $r = 3a$ までは，電気力線の状態，つまり電場は A のみの場合と同じである。ゆえに電位を V' とすると

$$V' = \frac{k_0 Q}{r}$$

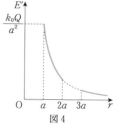

図 4

ケ．$r = 3a$ の電位を V_3' として

$$V_3' = \frac{k_0 Q}{3a}$$

導体内に電位差はないので，$r = 2a$ の電位を V_2' とすると

$$V_2' = V_3' = \frac{k_0 Q}{3a}$$

コ. $r = 2a$ から $r = a$ の電場の様子は，A のみの場合と同じであるので，$r = 2a$ から $r = a$ まで電荷を運ぶとすると，仕事は A のみの場合と同じになる。ゆえに，この間の電位差を ΔV とすると，エを参考にして

$$\Delta V = V_1 - V_2 = \frac{k_0 Q}{2a}$$

ゆえに，$r = a$ の電位を V_1' とすると

$$V_1' = V_2' + \Delta V = \frac{k_0 Q}{3a} + \frac{k_0 Q}{2a} = \frac{5k_0 Q}{6a}$$

参考　それぞれの場合の，中心からの距離 r と電位 V（V'）の関係は図 5 のようになる。

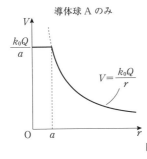
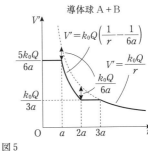

図 5

問題20 難易度 : 🙂🙂🙂🙂⬜

O を原点として x 軸をとり，O に電気量 $-Q$ $(Q>0)$ の負の点電荷 A，$x=-a$ $(a>0)$ の点に電気量 $+4Q$ の正の点電荷 B を固定する。クーロンの法則の比例定数を k とし，電位の基準を O から無限の遠方とする。

(1) x 軸上で，電場が 0 になる位置を全て求めよ。

(2) $x=3a$ での電位を求めよ。

(3) x 軸上で，電位が 0 になる位置を全て求めよ。

(4) x 軸上の $x>0$ の範囲で，横軸に x，縦軸に電位 V をとったグラフの概略を描け。

O から x 軸正の向きに十分に離れた点に，x 軸上を自由に動ける電気量 $-e$ $(e>0)$，質量 m の荷電粒子 C を静かに置くと，C は動き出した。重力の影響はないものとする。

(5) C が $x=3a$ を通過するときの速さを求めよ。

(6) C が最も O に接近する位置を求めよ。

(7) C の速さが最大になる位置と，速さの最大値を求めよ。

設問別難易度 : (1), (3), (5) 🙂🙂🙂⬜⬜ (2) 🙂🙂⬜⬜⬜ (4), (6), (7) 🙂🙂🙂🙂⬜

Point 1 電場（電界）と電位 ≫ (4), (7)

電位は高さ，電場は勾配（傾斜）であるので，電場＝0 の位置で，電位は極大または極小となる。

Point 2 ポテンシャル曲線 ≫ (6), (7)

横軸に位置，縦軸に位置エネルギーをとったグラフをポテンシャル曲線という。静電気力以外の力がはたらかない場合，電荷の運動は，この曲線のような断面をもつ地形を転がるボールと同じである。これは，静電気力だけでなく，重力，万有引力，弾性力等，全ての保存力の位置エネルギーで成り立つ。

解答 (1) A，B による**電場が逆向きで同じ大きさの点で電場が 0 になる**。まず，電場が同じ大きさの点の位置座標を x として求めると

$$\frac{k|-Q|}{x^2} = \frac{4kQ}{(x+a)^2}$$

$$3x^2 - 2ax - a^2 = 0$$

$$(3x+a)(x-a) \qquad \therefore \quad x = -\frac{a}{3}, \ a$$

向きを考えると，$x=-\dfrac{a}{3}$ の点では A，B による電場はともに x 軸正の向きであるので，電場は 0 にならない。ゆえに不適である。

$x=a$ の点では，A による電場は x 軸負の向き，B による電場は x 軸正の向きで逆向きであるので，電場の重ね合わせにより 0 となる。ゆえに

$$x=a$$

(2) $x=3a$ での電位を V_1 とすると

$$V_1=\frac{k(-Q)}{3a}+\frac{4kQ}{(3a+a)}=\frac{2kQ}{3a}$$

(3) x 軸上での電位を V とすると

$$V=\frac{-kQ}{|x|}+\frac{4kQ}{|x+a|}$$

x の値で場合分けをして，$V=0$ となる点を求める。

① $0<x$

$$V=\frac{-kQ}{x}+\frac{4kQ}{x+a}=0 \qquad \therefore \quad x=\frac{a}{3}$$

② $-a<x<0$

$$V=\frac{-kQ}{-x}+\frac{4kQ}{x+a}=0 \qquad \therefore \quad x=-\frac{a}{5}$$

③ $x<-a$

$$V=\frac{-kQ}{-x}+\frac{4kQ}{-(x+a)}=0 \qquad \therefore \quad x=\frac{a}{3} \quad 範囲外なので不適。$$

以上より，$V=0$ となる位置は $\qquad x=\dfrac{a}{3},\ -\dfrac{a}{5}$

(4) **O から十分遠方では，O 付近に電気量 $-Q+4Q=+3Q$ の電荷があると考えればよいので，電位は正で O に近づくと電位は高くなる。(1)より，$x=a$ で電場が 0 になるので電位は極大となる。**$x=a$ での電位を V_2 とすると

$$V_2=\frac{-kQ}{a}+\frac{4kQ}{a+a}=\frac{kQ}{a}$$

さらに O に近づくと電位は低くなり，(3)より $x=\dfrac{a}{3}$ で 0 となる。$0<x<\dfrac{a}{3}$ では，負電荷に近いため電位は負となる。これらより，グラフは図 1 のようになる（図 1 には $x<0$ の範囲も，参考のために描いている）。

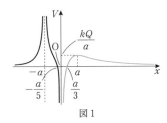

図 1

(5) O から十分遠方では，C の運動エネルギーと静電エネルギーはともに 0

である。$x=3a$ での C の速さを v_1 として，**エネルギー保存則**より，(2)の結果も利用して

$$0=\frac{1}{2}mv_1{}^2+(-e)V_1=\frac{1}{2}mv_1{}^2-\frac{2kQe}{3a} \qquad \therefore \quad v_1=2\sqrt{\frac{kQe}{3ma}}$$

(6) C が最も O に接近する位置は，C の速さが 0 になる位置である。エネルギー保存則より，C の速さが 0 になるのは，静電エネルギーが 0 になる点なので，(3)より

$$x=\frac{a}{3}$$

(7) $x>a$ では，電場は正の向きなので負の荷電粒子 C にはたらく静電気力は x 軸負の向きで，C は x 軸負の向きに加速する。$x=a$ で電場が 0 となり，以後，$x<a$ では電場の向きは負の向きで静電気力の向きは x 軸正の向きとなる。つまり，**電場が 0 の $x=a$ で C の速さは最大となる。**

$x=a$ での速さを v_2 として，エネルギー保存則より

$$0=\frac{1}{2}mv_2{}^2+(-e)V_2=\frac{1}{2}mv_2{}^2-\frac{kQe}{a} \qquad \therefore \quad v_2=\sqrt{\frac{2kQe}{ma}}$$

参 考 C のもつ静電エネルギー U（静電気力による位置エネルギー）は，$U=-eV$ である。これを図にすると，図 1 と正負が逆となり，図 2 のようになる。これをポテンシャル曲線という。このグラフのような断面をもつ斜面を C が転がると考えると，運動が想像しやすい。十分遠方（高さ 0 ）から斜面を転がり，$x=a$ の斜面の底で速さが最大になり，高さ 0 の $x=\dfrac{a}{3}$ まで到達する。

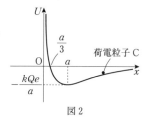

図 2

コンデンサー

問題21 難易度：�突突突◯◯

以下の空欄のア〜ケに入る適切な式を答えよ。

図1のように，真空中で面積 S の薄い導体板 A と B を距離 d の間隔で平行に置いた平行板コンデンサーを，スイッチおよび起電力 V の電池と接続した。初め，スイッチは開いており，コンデンサーに電荷はなかった。真空の誘電率を ε_0 とし，また極板間に生じる電場（電界）は一様であるとする。

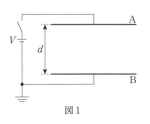
図1

コンデンサーの電気容量 $C=$ ⬚ ア ⬚ である。スイッチを閉じて十分な時間が経過したときにコンデンサーに蓄えられた電気量を Q （$Q>0$）とする。AB間の電場の強さは，Q, ε_0, S を用いて ⬚ イ ⬚ となる。また，コンデンサーに蓄えられた静電エネルギーは，Q, ε_0, S, d を用いて ⬚ ウ ⬚ となる。

次に，A，B と同じ形で厚さ $\dfrac{d}{4}$ の導体板 M を用意した。M には，電気量 $2Q$ の電荷が蓄えられている。図2のように，スイッチを閉じたままの状態で M を AB 間に平行にゆっくり挿入した。十分に時間が経過した後，A と B に蓄えられた

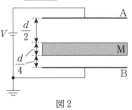
図2

電気量をそれぞれ Q_A と $-Q_B$ （$Q_A>0$, $Q_B>0$）とする。回路が接地されているため $Q_A-Q_B+2Q=0$ であることに注意して，Q_A と Q_B を Q のみを用いて表すと，$Q_A=$ ⬚ エ ⬚，$Q_B=$ ⬚ オ ⬚ となる。M を含む AB 間に蓄えられた静電エネルギーは，Q, C を用いて ⬚ カ ⬚ となる。その後，スイッチを開いて，M を A に向かってゆっくりと距離 $\dfrac{d}{4}$ だけ平行移動させた。この移動に要した仕事は，Q, C を用いて ⬚ キ ⬚ である。このとき A と M の間の電場の強さは，d, Q, C を用いて ⬚ ク ⬚ であり，A の電位は V を用いて ⬚ ケ ⬚ になる。

設問別難易度：ア ◯◯◯◯◯ イ, ウ 突◯◯◯◯ エ〜ケ 突突突◯◯

Point 1 **平行板コンデンサー** 》》**ア〜ウ**

極板面積 S, 間隔 d で, 極板間の物質の誘電率 ε の平行板コンデンサーの電気容量 C は

$$C = \frac{\varepsilon S}{d}$$

極板間の電圧が V のとき, 蓄えられた電荷の電気量 Q と静電エネルギー U は

$$Q = CV \quad , \quad U = \frac{1}{2}QV = \frac{1}{2}CV^2 = \frac{Q^2}{2C}$$

Point 2 **極板間の電場** 》》**イ, ク**

平行板コンデンサーの, 極板間の電場の強さ E は

$$E = \frac{V}{d} = \frac{Q}{\varepsilon S}$$

となる。この式から, Q が一定であれば, 極板間隔によらず電場の強さは一定であることがわかる。このことは, 覚えておくと便利である。

Point 3 **導体の性質** 》》**エ, オ**

導体の性質より, 電荷は必ず導体の表面に分布する。そのため, 本問のように厚みのある導体板を用いても, コンデンサーを形成するのは表面だけである。導体板の両面を薄い導体板と考えて, 間の部分は導線と考えればよい。

解答　ア．公式より　　$C = \dfrac{\varepsilon_0 S}{d}$

イ．コンデンサーに蓄えられた電気量 Q は

$$Q = CV = \frac{\varepsilon_0 S}{d}V$$

これより, AB 間の電場の強さを E とすると

$$E = \frac{V}{d} = \frac{Q}{\varepsilon_0 S}$$

別解　A から B へ電気力線が一様に存在する。真空中のクーロンの法則の比例定数を k_0 とすると, ガウスの法則より電気力線の本数は $4\pi k_0 Q$ 本である。k_0 と ε_0 との間に

$$\varepsilon_0 = \frac{1}{4\pi k_0}$$

の関係があることより, 電気力線の本数は $4\pi k_0 Q = \dfrac{Q}{\varepsilon_0}$ 本である。単位面積

あたりの本数が電場の強さなので

$$E=\frac{Q}{\varepsilon_0 S}$$

ウ．蓄えられた静電エネルギーを U_0 とする。U_0 を指定された文字で表すと

$$U_0=\frac{Q^2}{2C}=\frac{Q^2 d}{2\varepsilon_0 S}$$

エ・オ．A と M の上面，M の下面と B で
それぞれコンデンサーを形成するので，**M
の上面と下面に，電気量がそれぞれ** $-Q_A$，
$+Q_B$ **の電荷が現れる**。つまり，図 3 のよ
うになっていると考えればよい。電気容量
をそれぞれ C_A，C_B とすると，電気容量は
極板間隔に反比例するので

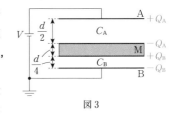

図 3

$$C_A=2C \quad , \quad C_B=4C$$

また，極板間の電圧をそれぞれ V_A，V_B とすると

$$Q_A=C_A V_A=2CV_A \quad \cdots ①$$

$$Q_B=C_B V_B=4CV_B \quad \cdots ②$$

また，**電位の関係より**

$$V=V_A+V_B \quad \cdots ③$$

問題文中の式より

$$Q_A-Q_B+2Q=0 \quad \cdots ④$$

①〜④式と $Q=CV$ より

$$V_A=\frac{V}{3} \quad , \quad V_B=\frac{2V}{3}$$

ゆえに

$$Q_A=\frac{2}{3}CV=\frac{2Q}{3} \quad (\rightarrow エ) \quad , \quad Q_B=\frac{8}{3}CV=\frac{8Q}{3} \quad (\rightarrow オ)$$

(参考)　④式は問題文中に示されているが，M に対する電荷の保存則から導
き出すこともできる。図 3 のように M には上面に $-Q_A$，下面に $+Q_B$ の電
荷が現れるが，M は接地されていないので総電荷は保存され $2Q$ である。ゆ
えに

$$-Q_A+Q_B=2Q \qquad \therefore \quad Q_A-Q_B+2Q=0$$

接地とは，電位が 0 の大きな導体に接続することである。したがって，本問
の場合，接地された大きな導体と，A，B との間で電荷が移動する可能性が
ある。ゆえに，A，B の間では電気量保存則が成り立たず，$Q_A=Q_B$ になる
とは限らない。

カ．AM 間，MB 間に蓄えられた静電エネルギーの総和を U_1 とすると

$$U_1 = \frac{Q_A{}^2}{2C_A} + \frac{Q_B{}^2}{2C_B} = \frac{\left(\dfrac{2Q}{3}\right)^2}{2 \cdot 2C} + \frac{\left(\dfrac{8Q}{3}\right)^2}{2 \cdot 4C} = \frac{Q^2}{C}$$

キ．スイッチを開いているので，**AM 間，MB 間に蓄えられている電荷は変化しない**。AM 間，MB 間の距離が変化するので，AM 間，MB 間の電気容量は変化し，それぞれ $C_A{}'$, $C_B{}'$ とすると

$$C_A{}' = 4C \quad , \quad C_B{}' = 2C$$

となる。ゆえに蓄えられた静電エネルギーの総和を U_2 とすると

$$U_2 = \frac{Q_A{}^2}{2C_A{}'} + \frac{Q_B{}^2}{2C_B{}'} = \frac{\left(\dfrac{2Q}{3}\right)^2}{2 \cdot 4C} + \frac{\left(\dfrac{8Q}{3}\right)^2}{2 \cdot 2C} = \frac{11Q^2}{6C}$$

スイッチが開いているので電流は流れず，電池は仕事をしない。ゆえに **M を移動させる仕事を W とすると，W が静電エネルギーの変化**になるので

$$W = U_2 - U_1 = \frac{11Q^2}{6C} - \frac{Q^2}{C} = \frac{5Q^2}{6C}$$

ク．AM 間の電圧を $V_A{}'$ とすると

$$V_A{}' = \frac{Q_A}{C_A{}'} = \frac{\dfrac{2Q}{3}}{4C} = \frac{Q}{6C}$$

ゆえに AM 間の電場の強さを $E_A{}'$ とすると

$$E_A{}' = \frac{V_A{}'}{\dfrac{d}{4}} = \frac{2Q}{3Cd}$$

ケ．MB 間の電圧を $V_B{}'$ とする。$Q = CV$ であることも利用して

$$V_A{}' = \frac{Q}{6C} = \frac{V}{6} \quad , \quad V_B{}' = \frac{Q_B}{C_B{}'} = \frac{\dfrac{8Q}{3}}{2C} = \frac{4V}{3}$$

ゆえに，A の電位を V' とすると

$$V' = V_A{}' + V_B{}' = \frac{V}{6} + \frac{4V}{3} = \frac{3V}{2}$$

問題22 難易度：□□□□□

真空中に面積が S の長方形の薄い金属板 A がある。電気量 $+Q$ の正電荷が一様に分布するように A を帯電させると，図1のように A の両面から均等に電気力線が出る。A から十分に近い部分を考えると，電気力線は A の面に垂直に一様に出ていると考えてよい。図2は A を真横から見た図である。真空の誘電率を ε_0，クーロンの法則の比例定数を k_0 とすると，$\dfrac{1}{\varepsilon_0} = 4\pi k_0$ の関係がある。解答には ε_0 を用いること。

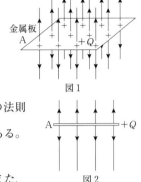

図1

図2

(1) A から出ている電気力線の本数を求めよ。また，電場の強さを求めよ。

次に，A と同型の薄い金属板 B を，電気量 $-Q$ の負電荷が一様に分布するように帯電させて，A から距離 d だけ離れた位置に A と重ねて平行に置く。図3は A，B を真横から見た図で，電気力線は描いていない。

図3

(2) B にはたらく静電気力の大きさと向きを求めよ。

A と B の周辺には，A，B 上にある電荷による電場ができるが，それは A，B 個々の金属板による電場の重ね合わせと考えられる。図3に示すように，3つの領域について考える。ただし，領域 I は A の上，II は A と B の間，III は B の下の領域である。

(3) 領域 I，II，III の電場の強さをそれぞれ求めよ。

(4) B を基準として A の電位を求めよ。

(5) A と B はコンデンサーを形成している。その電気容量を求めよ。

(6) 領域 II の電場の強さを E とする。B にはたらく静電気力を，Q，E を用いて求めよ。

領域 II に，A，B と同型で厚さ d，比誘電率 ε_r の誘電体を挿入した。

(7) 誘電体は，通過する電気力線の本数を，真空のときの $\dfrac{1}{\varepsilon_r}$ 倍にする。このことより，誘電体を挿入した後の B を基準とする A の電位を求めよ。

(8) (7)の結果より，誘電体を挿入した後のコンデンサーの電気容量を求めよ。

⊃設問別難易度：(1), (2), (4), (5) ☺☺□□□　(3), (6)〜(8) ☺☺☺□□

　十分に小さな間隔で置いた平行な極板に正負の同量の電荷を帯電させると，極板間にのみ一様な電場ができる。ガウスの法則より電荷と電場，さらに電荷と電圧の関係を求めることができる。極板間の電場は，それぞれの極板の電荷がつくる電場の和であり，一方の極板の電荷がつくる電場の 2 倍になる。また，これより電気容量の公式が説明できる。

Point 2 　極板間の引力　≫ (1), (2), (6)

　コンデンサーでは，正負に帯電した極板に引力がはたらく。一方の極板の電荷がつくる電場から，もう一方の極板の電荷が力を受ける。電荷を Q，極板の面積を S，極板間の物質の誘電率を ε，極板間の電場の強さを E とすると，引力の大きさ f は

$$f = \frac{Q^2}{2\varepsilon S} = \frac{1}{2}QE$$

Point 3 　誘電体のはたらき　≫ (7), (8)

　誘電体（＝絶縁体，不導体）を電場中に置くと，誘電分極により電場と逆向きの電場をつくり，電場を弱めるはたらきをする。コンデンサーの電荷を一定に保って，極板間に誘電体を挿入すると，電場が弱くなり電圧が小さくなるので，電気容量が大きくなる。

解答　(1)　電気力線の本数は，ガウスの法則より

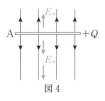

図4

$$4\pi k_0 Q = \frac{Q}{\varepsilon_0}\ 本$$

　図 4 のように，電気力線は A の上側，下側にそれぞれ $\dfrac{Q}{2\varepsilon_0}$ 本ずつ出ている。A の面積は S なので，電場の強さを E_+ とすると

$$E_+ = \frac{Q}{2\varepsilon_0 S}$$

(2)　A による強さ $E_+ = \dfrac{Q}{2\varepsilon_0 S}$ で図 4 の下向きの電場中に，電気量 $-Q$ の B を置くので，B が受ける静電気力の向きは電場と逆の図の上向きである。力の大きさを f とすると

$$f = |-Q|E_+ = \frac{Q^2}{2\varepsilon_0 S}\quad \cdots①$$

(3) 負に帯電した B のみがある場合の周囲の電場を, (1)と同様に考えると, 図5のようになる。電場の強さを E_- とすると

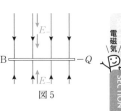

図5

$$E_- = \frac{Q}{2\varepsilon_0 S} = E_+$$

問題中の図3の電場は, A と B による電場の重ね合わせになる。領域 I と III では, A, B による電場は逆向きなので, 電場は 0 になる。領域 II では A, B がつくる電場はともに図の下向きなので, 電場の強さを E とすると

$$E = E_+ + E_- = \frac{Q}{\varepsilon_0 S} \quad \cdots ②$$

よって　　領域 I : 0 ，　領域 II : $\dfrac{Q}{\varepsilon_0 S}$ ，　領域 III : 0

別解　問題中の図3のように正負に帯電した極板があると, 極板間にのみ電場ができる。領域 I, III の電場の強さは 0 である。領域 II を通過する電気力線の本数は, $4\pi k_0 Q = \dfrac{Q}{\varepsilon_0}$ 本である。極板の面積は S なので, 電場の強さ E は

$$E = \frac{\dfrac{Q}{\varepsilon_0}}{S} = \frac{Q}{\varepsilon_0 S}$$

(4) A の電位を V とすると

$$V = Ed = \frac{Qd}{\varepsilon_0 S} \quad \cdots ③$$

(5) コンデンサーの電気容量を C とすると, $Q = CV$ の関係がある。③式を変形して

$$Q = \frac{\varepsilon_0 S}{d} V = CV \qquad \therefore \quad C = \frac{\varepsilon_0 S}{d}$$

(6) ①, ②式より

$$f = \frac{1}{2} QE$$

(7) 比誘電率 ε_r の誘電体を挿入すると, 電気力線の本数が $\dfrac{1}{\varepsilon_r}$ 倍になり, 電場の強さも $\dfrac{1}{\varepsilon_r}$ 倍になる。挿入後の電場の強さを E' とすると

$$E' = \frac{E}{\varepsilon_r} = \frac{Q}{\varepsilon_r \varepsilon_0 S}$$

ゆえに，A の電位を V' とすると

$$V' = E'd = \frac{Qd}{\varepsilon_r \varepsilon_0 S} \quad \cdots ④$$

参考 誘電体は AB 間の電場により誘電分極を起こすので，A 側の表面に負電荷，B 側の表面に正電荷が現れる。このため，誘電体を通過する電気力線の本数が減少する。

(8) A，B に帯電している電荷の電気量は変わらないので，誘電体を挿入した後の電気容量を C' とすると，$Q = C'V'$ となる。④式を変形して

$$Q = \frac{\varepsilon_r \varepsilon_0 S}{d} V' = C'V' \qquad \therefore \quad C' = \frac{\varepsilon_r \varepsilon_0 S}{d}$$

問題23 難易度：☺☺☺◯◯

図1のように一辺の長さが a の薄い正方形の極板2枚を，真空中で平行に間隔 d で並べたコンデンサーがある。真空の誘電率を ε_0 とする。このコンデンサーを電圧 V の電池に接続し充電する。

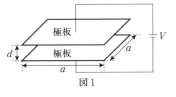

図1

(1) コンデンサーに蓄えられた電気量と静電エネルギーを求めよ。

次に電池を接続したまま，極板と同型で厚さが d，比誘電率が ε_r の誘電体を，極板と辺をそろえてゆっくりと挿入する。図2のように長さ x だけ誘電体を挿入した状態を考える。

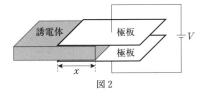

図2

(2) 図2の状態のコンデンサーの電気容量を求めよ。

(3) 図2の状態で，コンデンサーに蓄えられた電気量と静電エネルギーを求めよ。

図2の状態から，誘電体に力を加え，ゆっくりと長さ Δx だけさらに押し込む。

(4) 誘電体を Δx だけ押し込む間，コンデンサーに蓄えられた電気量と静電エネルギーの変化量を求めよ。

(5) 誘電体を Δx だけ押し込む間に，電池がした仕事を求めよ。

(6) 誘電体を Δx だけ押し込む間に，誘電体に外から加えた力がした仕事を求めよ。ただし，回路をつなぐ導線，電池の抵抗は無視でき，誘電体の挿入はゆっくりであるので，電力は消費しないものとする。

(7) 誘電体を Δx だけ押し込む間，誘電体に外から加えた力が一定であるとする。誘電体にはたらくコンデンサーからの力の大きさと向きを求めよ。向きは誘電体を引き込む向きか，押し出す向きか答えよ。

設問別難易度：(1)☺◯◯◯◯ (2),(3)☺☺◯◯◯ (4)〜(7)☺☺☺◯◯

Point 1 誘電体の挿入 ≫ (2)

平行板コンデンサーの極板間の一部に，極板と同型で極板間隔と同じ厚さの誘電体を挿入してあるときの電気容量は，誘電体のない部分と誘電体のある部分のコンデンサーの並列接続として合成容量を求める。

静電エネルギーの変化と仕事 》 (6)

本問のように，電池が接続されている状態で誘電体をゆっくり動かす場合，動かす力がする仕事と，電池がする仕事の分だけ静電エネルギーが変化する。つまり，

静電エネルギーの変化＝誘電体を動かす力がする仕事＋電池がする仕事

となる。

Point 3 電池がする仕事 》 (5)

電池を電荷が通過するとき，電池がする仕事は

電池がする仕事＝通過した電気量×電池の起電力（電圧）

である。ただし，通過した電気量は，電池の負極から正極に正電荷が通過したときを正とする。

解答 (1) コンデンサーの電気容量を C_0 とすると

$$C_0 = \frac{\varepsilon_0 a^2}{d}$$

蓄えられた電気量を Q_0，静電エネルギーを U_0 とすると

$$Q_0 = C_0 V = \frac{\varepsilon_0 a^2}{d} V \quad , \quad U_0 = \frac{1}{2} C_0 V^2 = \frac{\varepsilon_0 a^2}{2d} V^2$$

(2) 極板間の誘電体のある部分（面積 ax）と，ない部分（面積 $a(a-x)$）の並列接続と考える。電気容量を C とすると

$$C = \frac{\varepsilon_r \varepsilon_0 a x}{d} + \frac{\varepsilon_0 a(a-x)}{d} = \frac{\varepsilon_0 a\{(\varepsilon_r-1)x+a\}}{d}$$

(3) 極板間の電圧は V なので，蓄えられた電気量を Q，静電エネルギーを U とすると

$$Q = CV = \frac{\varepsilon_0 a\{(\varepsilon_r-1)x+a\}}{d} V$$

$$U = \frac{1}{2} CV^2 = \frac{\varepsilon_0 a\{(\varepsilon_r-1)x+a\}}{2d} V^2$$

(4) 誘電体を Δx だけ押し込んだ後のコンデンサーに蓄えられた電気量を Q'，静電エネルギーを U' とする。Q' と U' は，それぞれ(3)で求めた Q，U の x を $x+\Delta x$ に置き換えればよい。ゆえに

$$Q' = \frac{\varepsilon_0 a\{(\varepsilon_r-1)(x+\Delta x)+a\}}{d} V$$

$$U' = \frac{\varepsilon_0 a\{(\varepsilon_r-1)(x+\Delta x)+a\}}{2d} V^2$$

これより，電気量の変化量を ΔQ，静電エネルギーの変化量を ΔU とすると

$$\Delta Q = Q' - Q = \frac{\varepsilon_0 a (\varepsilon_r - 1) V}{d} \Delta x$$

$$\Delta U = U' - U = \frac{\varepsilon_0 a (\varepsilon_r - 1) V^2}{2d} \Delta x$$

(5) $\varepsilon_r > 1$ より $\Delta Q > 0$ なので，電池の負極から正極に電荷が通過した。電池がした仕事を W_E とすると

$$W_E = \Delta Q \cdot V = \frac{\varepsilon_0 a (\varepsilon_r - 1) V^2}{d} \Delta x$$

(6) 誘電体に外から加えた力がした仕事を W とする。この仕事 W と電池がした仕事 W_E の和が，静電エネルギーの変化 ΔU となるので

$$\Delta U = W_E + W$$

$$\therefore \quad W = \Delta U - W_E = \frac{\varepsilon_0 a (\varepsilon_r - 1) V^2}{2d} \Delta x - \frac{\varepsilon_0 a (\varepsilon_r - 1) V^2}{d} \Delta x$$

$$= -\frac{\varepsilon_0 a (\varepsilon_r - 1) V^2}{2d} \Delta x$$

(7) 誘電体に外から加えた力の大きさを f とする。$\varepsilon_r > 1$ より加えた力がする仕事 W は負であるので，加えた力の向きは，押し込む向きと逆である。f は一定として

$$W = -f \Delta x = -\frac{\varepsilon_0 a (\varepsilon_r - 1) V^2}{2d} \Delta x$$

$$\therefore \quad f = \frac{\varepsilon_0 a (\varepsilon_r - 1) V^2}{2d}$$

誘電体をゆっくり動かすので，外から加えた力は，誘電体にはたらくコンデンサーからの力（＝静電気力）とつり合っている。ゆえに，力の大きさは f で，向きは誘電体を引き込む向きである。

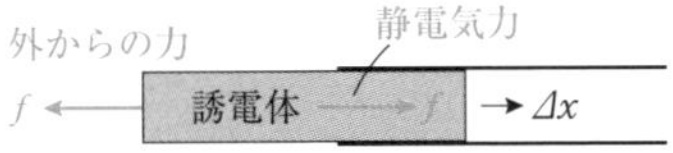

図3

大きさ：$\dfrac{\varepsilon_0 a (\varepsilon_r - 1) V^2}{2d}$ 　　向き：誘電体を引き込む向き

問題24 難易度：🙂🙂🙂▢▢

以下の空欄のア〜ケに入る適切な式を答えよ。

空気中に面積 S の 2 枚の導体板を間隔 d で置いた平行板コンデンサーがある。空気の誘電率を ε とする。右図のように，このコンデンサーと起電力 V_0 の電池，スイッチを接続する。スイッチ

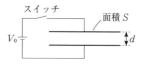

を閉じて十分に時間が経過してからスイッチを開いた。このとき，コンデンサーに蓄えられた電気量は ア ，静電エネルギーは イ である。この状態から極板間の距離を Δd だけゆっくり広げた。このとき，極板間の電圧は ウ となり，またこの間の，コンデンサーの静電エネルギーの変化量は エ となる。これより，極板間の引力の大きさ $f =$ オ となる。

極板間隔を d に戻し，スイッチを閉じる。十分に時間が経過した後，今度はスイッチを閉じたまま極板間隔を微小距離 Δd だけゆっくり広げた。以後，必要であれば，$|x| \ll 1$ のときに使える近似式 $\dfrac{1}{1+x} \fallingdotseq 1-x$ を用いてよい。極板間隔を広げる間に，コンデンサーに蓄えられた電荷の変化量 ΔQ と，静電エネルギーの変化量 ΔU は

$$\Delta Q = \boxed{\text{カ}} \times \Delta d \quad, \quad \Delta U = \boxed{\text{キ}} \times \Delta d$$

となる。これより，この間に電池がした仕事 W_E は

$$W_E = \boxed{\text{ク}} \times \Delta d$$

となる。極板間隔を広げる間，回路で発生するジュール熱が無視できるとすると，広げるための仕事 W_f は

$$W_f = \boxed{\text{ケ}} \times \Delta d$$

この結果より，極板間の引力は f に等しいことがわかる。

設問別難易度：**ア, イ** 🙂▢▢▢▢　**ウ〜オ** 🙂🙂▢▢▢　**カ〜ケ** 🙂🙂🙂▢▢

Point ┃ **静電エネルギーの変化** ≫ **エ, オ, キ, ク, ケ**

極板の間隔を変化させると，電気容量が変化し，コンデンサーに蓄えられる静電エネルギーも変化する。本問では，間隔をゆっくり変化させ，ジュール熱が無視できる以下の 2 通りのケースについて考える。

・電池が接続されていない場合

電池は仕事をしないので

静電エネルギーの変化＝極板を動かす力がする仕事

・電池が接続されている場合

電池が仕事をするので

静電エネルギーの変化＝電池がする仕事＋極板を動かす力がする仕事

ア．コンデンサーの電気容量を C_0 とすると

$$C_0 = \frac{\varepsilon S}{d}$$

コンデンサーに蓄えられた電気量を Q_0 とすると

$$Q_0 = C_0 V_0 = \frac{\varepsilon S V_0}{d}$$

イ．コンデンサーの静電エネルギーを U_0 とすると

$$U_0 = \frac{1}{2} C_0 V_0{}^2 = \frac{\varepsilon S V_0{}^2}{2d}$$

ウ．極板間隔を $d + \Delta d$ としたときのコンデンサーの電気容量を C とすると

$$C = \frac{\varepsilon S}{d + \Delta d}$$

スイッチが開いているので蓄えられている電荷は変化しない。このときの極板間の電圧を V とすると

$$Q_0 = CV \qquad \therefore \quad V = \frac{Q_0}{C} = \frac{d + \Delta d}{d} V_0$$

エ．極板間隔を広げた後，コンデンサーに蓄えられた静電エネルギーを U とすると

$$U = \frac{Q_0{}^2}{2C} = \frac{\varepsilon S V_0{}^2 (d + \Delta d)}{2d^2}$$

ゆえに，静電エネルギーの変化量を ΔU_0 とすると

$$\Delta U_0 = U - U_0 = \frac{\varepsilon S V_0{}^2 (d + \Delta d)}{2d^2} - \frac{\varepsilon S V_0{}^2}{2d} = \frac{\varepsilon S V_0{}^2}{2d^2} \Delta d$$

オ．極板間隔をゆっくり広げるので，極板にはたらく力はつり合っている。ゆえに，広げるために加える力の大きさは，極板間の引力と等しく f である。加えた力の仕事を W とすると，W が静電エネルギーの変化となるので

$$W = \Delta U_0 = f \Delta d \quad \cdots ① \qquad \therefore \quad f = \frac{\Delta U_0}{\Delta d} = \frac{\varepsilon S V_0{}^2}{2d^2}$$

(参考) f を Q_0 を用いて表すと

$$f = \frac{1}{2\varepsilon S} \left(\frac{\varepsilon S V_0}{d} \right)^2 = \frac{Q_0{}^2}{2\varepsilon S}$$

カ．スイッチを閉じているので，電圧は V_0 で一定である。ゆえに，極板間隔を広げた後に蓄えられた電荷を Q' とすると，$\dfrac{\Delta d}{d}$ が 1 より十分に小さいと

SECTION 2　コンデンサー　**91**

して

$$Q' = CV_0 = \frac{\varepsilon S}{d + \Delta d} V_0 = \frac{\varepsilon S}{d\left(1 + \dfrac{\Delta d}{d}\right)} V_0 \fallingdotseq \frac{\varepsilon S V_0}{d}\left(1 - \frac{\Delta d}{d}\right)$$

ゆえに，電荷の変化量 ΔQ は

$$\Delta Q = Q' - Q_0 = \frac{\varepsilon S V_0}{d}\left(1 - \frac{\Delta d}{d}\right) - \frac{\varepsilon S V_0}{d} = -\frac{\varepsilon S V_0}{d^2} \times \Delta d$$

キ．同様に，極板間隔を広げた後の静電エネルギーを U' とすると

$$U' = \frac{1}{2} CV_0{}^2 = \frac{\varepsilon S}{2(d + \Delta d)} V_0{}^2 = \frac{\varepsilon S}{2d\left(1 + \dfrac{\Delta d}{d}\right)} V_0{}^2 \fallingdotseq \frac{\varepsilon S V_0{}^2}{2d}\left(1 - \frac{\Delta d}{d}\right)$$

ゆえに，静電エネルギーの変化量 ΔU は

$$\Delta U = U' - U_0 = \frac{\varepsilon S V_0{}^2}{2d}\left(1 - \frac{\Delta d}{d}\right) - \frac{\varepsilon S V_0{}^2}{2d} = -\frac{\varepsilon S V_0{}^2}{2d^2} \times \Delta d$$

ク．電池がした仕事 W_{E} は

$$W_{\mathrm{E}} = \Delta Q V_0 = -\frac{\varepsilon S V_0{}^2}{d^2} \times \Delta d$$

（参考）　$\Delta Q < 0$ より，電池の正極から負極へ電荷が通過する。ゆえに電池がする仕事は負である。

ケ．電池がした仕事 W_{E} と，極板間隔を広げる力がした仕事 W_f の和が，コンデンサーの静電エネルギーの変化量 ΔU となる。ゆえに

$$\Delta U = W_{\mathrm{E}} + W_f$$

$$\therefore\quad W_f = \Delta U - W_{\mathrm{E}} = -\frac{\varepsilon S V_0{}^2}{2d^2} \Delta d - \left(-\frac{\varepsilon S V_0{}^2}{d^2} \Delta d\right)$$

$$= \frac{\varepsilon S V_0{}^2}{2d^2} \times \Delta d$$

（参考）　広げる力がした仕事 W_f が，①式の W と等しいので，極板間の引力もオで求めた値と同じである。

問題25 | 難易度：🖾🖾🖾🖾▢

図1に示すように，面積 A の薄い
金属板 K，L，M，N が，端をそろえ
て真空中に平行に置かれている。KN
間の距離を D，LM 間の距離を d
$(d<D)$ とする。金属板には，抵抗，

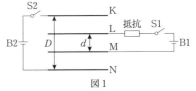

図1

スイッチ S1，S2，および内部抵抗の無視できる電池 B1，B2 が図1のように
接続されている。B1 の起電力は V $(V>0)$ である。最初の状態では S1，S2
は開いていた。そのとき，K，L，M，N 上の電気量はそれぞれ 0 で，全ての
金属板の電位は等しかった。ただし，金属板の端の影響は無視できるとし，ま
た隣り合う金属板間に生じる電界（電場）はそれぞれ一様であるとする。また，
真空の誘電率を ε_0 とする。

S1 を閉じると抵抗が発熱し，しばらくすると発熱は止まった。このとき，
L に蓄えられた電気量は q $(q>0)$，M に蓄えられた電気量は $-q$ となった。

(1) q を，V，A，D，d，ε_0 のうちの必要なものを用いて表せ。

(2) LM 間の電界の強さを，q，A，D，d，ε_0 のうちの必要なものを用いて表
せ。

(3) LM 間に蓄えられたエネルギーを，V，A，D，d，ε_0 のうちの必要なも
のを用いて表せ。

(4) 抵抗で発生した熱量を，V，A，D，d，ε_0 のうちの必要なものを用いて
表せ。

次に S1 を開いてから S2 を閉じたところ，K に蓄えられた電気量は Q
$(Q>0)$ に，N に蓄えられた電気量は $-Q$ になった。

(5) このとき，KL 間，および LM 間の電界の強さを，Q，q，A，D，d，ε_0
のうちの必要なものを用いて，それぞれ表せ。

(6) B2 の起電力を，Q，q，A，D，d，ε_0 のうちの必要なものを用いて表せ。

次に，S2 を開いてから S1 を閉じた。しばらくすると，L に蓄えられた電
気量は q' に，M に蓄えられた電気量は $-q'$ になった。

(7) q' を Q，q，A，D，d，ε_0 のうちの必要なものを用いて表せ。

最後に，S1 を閉じたまま S2 を閉じた。しばらくすると，K に蓄えられた
電気量は Q から $Q+\Delta Q$ になり，L に蓄えられた電気量は q' から $q'+\Delta q'$ に
なった。また，M に蓄えられた電気量は $-q'-\Delta q'$ に，N に蓄えられた電気
量は $-Q-\Delta Q$ になった。

(8) ΔQ と $\Delta q'$ を，V，Q，A，D，d，ε_0 のうちの必要なものを用いて，それ

ぞれ表せ。

：設問別難易度：(1)～(3), (6) 😊○○○○　(4),(5),(7) 😓😓○○○　(8) 😓😓😓😓

Point　薄い導体板　» (1), (5), (7)

　導体を帯電させた場合，電荷は表面に分布する。複数の導体板を平行に置いて帯電させる場合，導体板の向かい合う表面に電荷が蓄えられると考えられる。薄い導体板であっても，向かい合う表面どうしでコンデンサーを形成し，導体板の内部は太い導線であると考えるとよい。

解答　　図2のように，**K の下面と L の上面，L の下面と M の上面，M の下面と N の上面がそれぞれコンデンサーを形成する**と考える。

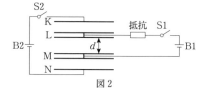

図2

(1)　S2 が開いているので，K と N の
　　電荷は 0 のままである。ゆえに，L の下側の表面と M の上側の表面が形成するコンデンサーに電荷 q が蓄えられていると考えればよい。L と M が形成するコンデンサーの容量を C_{LM} とすると，$C_{LM} = \dfrac{\varepsilon_0 A}{d}$ であり，十分に時間が経過し，抵抗に電流が流れなくなったときの LM 間の電位差は V である。ゆえに

$$q = C_{LM} V = \frac{\varepsilon_0 A V}{d} \quad \cdots ①$$

(2)　LM 間の電界の強さを E とすると，①式を変形して

$$E = \frac{V}{d} = \frac{q}{\varepsilon_0 A}$$

別解　面積 A の金属板に電荷 q が蓄えられているので，ガウスの法則より

$$E = \frac{q}{\varepsilon_0 A}$$

(3)　LM 間のコンデンサーの静電エネルギーを U とすると

$$U = \frac{1}{2} q V = \frac{\varepsilon_0 A V^2}{2d}$$

(4)　KL 間と MN 間には電荷が存在しないため，蓄えられているエネルギーは 0 である。コンデンサーを充電するために電池がした仕事を W_E とする。B1 を通過した電気量は q であるので

$$W_E = q V = \frac{\varepsilon_0 A V^2}{d}$$

である。これがコンデンサーの静電エネルギー U と抵抗で発生した熱量（＝J とする）の和にあたるので

$$W_E = U + J \quad \therefore \quad J = W_E - U = \frac{\varepsilon_0 A V^2}{2d}$$

(5) 各金属板には図 3 のように電荷が蓄えられる。
Kとコンデンサーを形成する L の上側の電荷は
$-Q$ である。S1 が開いているため L の全電荷は
q のままであるから，L の下側の電気量を Q' と
すると

$$q = -Q + Q' \quad \therefore \quad Q' = +Q + q$$

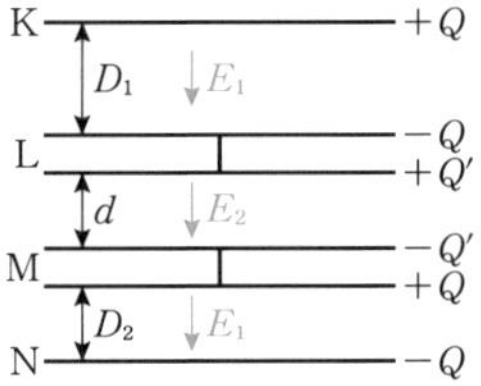

である。M の電荷も同様に求められる。KL 間
の電界の強さを E_1，LM 間の電界の強さを E_2 とし，(2)と同様にしてそれぞ
れ求めると

$$E_1 = \frac{Q}{\varepsilon_0 A} \quad , \quad E_2 = \frac{Q'}{\varepsilon_0 A} = \frac{Q+q}{\varepsilon_0 A}$$

図 3

(6) KL 間の距離を D_1，MN 間の距離を D_2 とすると，$D_1 + D_2 = D - d$ である。
また，MN 間の電界の強さも E_1 なので，KN 間の電位差＝B2 の起電力を
V' とすると

$$V' = E_1 D_1 + E_2 d + E_1 D_2 = \frac{Q}{\varepsilon_0 A}(D_1 + D_2) + \frac{Q+q}{\varepsilon_0 A}d$$

$$= \frac{Q(D-d) + (Q+q)d}{\varepsilon_0 A} = \frac{QD + qd}{\varepsilon_0 A} \quad \cdots ②$$

(7) S2 が開いているので，K と L の上面の電荷は変化しない。また，S1 を
閉じたので，LM 間の電位差は V となって(1)の状態に戻り，L の下面の電
荷は q になる。したがって，L の全電気量 q' は

$$q' = q - Q \quad \cdots ③$$

(8) KL 間，MN 間の電位差をそれぞれ V_1，V_2 とする。ともに蓄えられてい
る電気量は $Q + \Delta Q$ なので，電界の強さを考えて V_1，V_2 を求めると

$$V_1 = \frac{Q + \Delta Q}{\varepsilon_0 A}D_1 \quad , \quad V_2 = \frac{Q + \Delta Q}{\varepsilon_0 A}D_2$$

LM 間は B1 と接続されているので，電位差は V，電気量は q である。KN
間の電位差は，B2 の起電力 V' に等しいので

$$V' = V_1 + V + V_2$$

①式を変形した $V = \dfrac{qd}{\varepsilon_0 A}$ と②式の V'，さらに上で求めた V_1，V_2 を代入し
て

$$\frac{QD+qd}{\varepsilon_0 A}=\frac{Q+\Delta Q}{\varepsilon_0 A}(D_1+D_2)+\frac{qd}{\varepsilon_0 A}=\frac{Q+\Delta Q}{\varepsilon_0 A}(D-d)+\frac{qd}{\varepsilon_0 A}$$

$$\therefore \quad \Delta Q=\frac{d}{D-d}Q$$

また，Lの総電気量を考えると，③式も用いて

$$q'+\Delta q'=-(Q+\Delta Q)+q$$

$$q-Q+\Delta q'=-(Q+\Delta Q)+q$$

$$\therefore \quad \Delta q'=-\Delta Q=-\frac{d}{D-d}Q$$

問題26 難易度：⊖⊖⊖⊖⊖

起電力 V_0 の電池 E，容量がいずれも C のコンデンサー C_1，C_2 およびスイッチ S_1，S_2，S_3，S_4 を用いて図1のような回路を作った。初め，スイッチは全て開かれており，コンデンサーには電荷が蓄えられていなかった。

(1) まず S_1，S_3 を閉じる。十分に時間が経過した後，C_1 に蓄えられる電荷を求めよ。

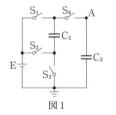

図1

(2) 次に S_1，S_3 を開いてから S_2，S_4 を閉じる。十分に時間が経過した後の図1の点 A の電位および C_1，C_2 に蓄えられる電荷を求めよ。

(3) さらに S_2，S_4 を開いてから S_1，S_3 を閉じる。十分に時間が経過した後，C_1 に蓄えられる電荷を求めよ。

(4) 再び S_1，S_3 を開いてから S_2，S_4 を閉じる。十分に時間が経過した後の A の電位および C_1，C_2 に蓄えられる電荷を求めよ。

(5) これらのスイッチ操作を繰り返すと，A の電位はある一定値になる。この一定値を求めよ。

⤸設問別難易度：(1)⊜□□□□　(2)⊜⊜□□□　(3)〜(5)⊜⊜⊜□□

Point 1　コンデンサーのつなぎかえ ≫ (2)〜(5)

コンデンサーのつなぎかえの問題の基本は，次の2つである。

○　電気量保存則　　○　電位を考える

スイッチ操作の前の状態を確認し，後の状態の電位や電荷を仮定して，この2つの基本から式を作る。根気よく状態を整理することが大切である。

○　電気量保存則

電荷は，新たに発生したり消滅したりしない。また，回路の場合は，導線や電池，抵抗を通過して移動できるが，接続されていないところには移動できない。そこで，電荷が移動できる範囲を考えて，電荷の総量が変化しないことから式を作る。

○　電位を考える

電位は高さであると考えるとよい。導体（導線）で接続されているところの電位は同じで，電位差はない。また，電池，抵抗，コンデンサーの電位差をそれぞれ考え，場合によっては仮定して，電位を高さであると考えて式を作る。

Point 2　スイッチ操作を繰り返したときの収束値 ≫ (5)

スイッチ操作を繰り返した結果，電圧等が一定値となる場合，途中の状態にとらわ

れずに，最終結果だけを考えて一定値を求める方がよい場合が多い。その際，最終的にスイッチ操作をしても状態が変化しないことを用いる。

　　$n-1$ 回目と n 回目のスイッチ操作より，漸化式を作って求めてもよいが，計算は面倒になることが多い。

解答　(1)　スイッチの接続状態を考えて，回路の余計な部分を消すと図2のような状態になる。C_1 には電池の電圧 V_0 がかかっているので，C_1 に蓄えられる電荷を Q_0 とすると

$$Q_0 = CV_0$$

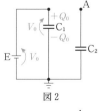

図2

(2)　回路の余計な部分を消すと図3のような状態になる。C_1，C_2 に蓄えられる電荷をそれぞれ Q_1，$Q_1{}'$，C_1，C_2 の電圧をそれぞれ V_1，$V_1{}'$ とすると

$$Q_1 = CV_1 \quad, \quad Q_1{}' = CV_1{}'$$

電気量保存則より

$$Q_0 = Q_1 + Q_1{}'$$
$$\therefore \quad CV_0 = CV_1 + CV_1{}' \quad \cdots ①$$

また，電位を考えて

$$V_0 + V_1 = V_1{}' \quad \cdots ②$$

①，②式より

$$V_1 = 0 \quad, \quad V_1{}' = V_0$$

よって，A の電位は　　$V_1{}' = V_0$

C_1，C_2 に蓄えられる電荷は　　$Q_1 = 0$ ，　$Q_1{}' = CV_0$

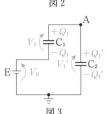

図3

(3)　図2の接続状態に戻る。C_1 には電池の電圧 V_0 がかかっているので電荷は Q_0 に戻る。

$$Q_0 = CV_0$$

(4)　再び図3の状態に戻る。C_1，C_2 に蓄えられる電荷をそれぞれ Q_2，$Q_2{}'$，C_1，C_2 の電圧をそれぞれ V_2，$V_2{}'$ とすると，(2)と同様に

$$Q_2 = CV_2 \quad, \quad Q_2{}' = CV_2{}'$$

電気量保存則より

$$Q_0 + Q_1{}' = Q_2 + Q_2{}'$$
$$\therefore \quad CV_0 + CV_0 = CV_2 + CV_2{}' \quad \cdots ③$$

また，電位を考えて

$$V_0 + V_2 = V_2{}' \quad \cdots ④$$

③, ④式より

$$V_2 = \frac{V_0}{2} \quad , \quad V_2' = \frac{3V_0}{2}$$

よって，Aの電位は $\quad V_2' = \dfrac{3V_0}{2}$

C_1，C_2に蓄えられる電荷は $\quad Q_2 = CV_2 = \dfrac{CV_0}{2} \quad , \quad Q_2' = CV_2' = \dfrac{3CV_0}{2}$

(5) S_2, S_4 を開いて S_1, S_3 を閉じた状態では，図2のように，必ず C_1 の電圧は V_0 で，蓄えられる電荷は Q_0 となる。A の電位が一定になるとは，この状態から S_1, S_3 を開いて S_2, S_4 を閉じても変化がない，すなわち電荷は移動せず C_1 の電圧は V_0 のままであるということである。このときの C_2 の電圧を V' とすると，図3の状態で C_1 の電圧が V_0 なので，電位を考えて

$$V' = V_0 + V_0 = 2V_0$$

別解　スイッチ操作を $n-1$ 回繰り返し，S_2, S_4 を閉じた状態での C_2 の電圧を V_{n-1}' とする。S_2, S_4 を開いてから S_1, S_3 を閉じた状態では，必ず C_1 の電圧は V_0 で，電荷 $Q_0 = CV_0$ となる。さらに S_1, S_3 を開いて S_2, S_4 を閉じたときの C_1, C_2 の電圧をそれぞれ V_n, V_n' とすると，電気量保存則より

$$CV_0 + CV_{n-1}' = CV_n + CV_n' \quad \cdots ⑤$$

また，電位を考えて

$$V_0 + V_n = V_n' \quad \cdots ⑥$$

⑤, ⑥式より

$$V_n' = V_0 + \frac{V_{n-1}'}{2} \quad \cdots ⑦$$

初めの状態でコンデンサーには電荷が蓄えられていないので，スイッチを操作する前の C_2 の電圧を $V_0' = 0$ とすると，⑦式の漸化式より

$$V_n' = 2\left\{1 - \left(\frac{1}{2}\right)^n\right\}V_0$$

$n \to \infty$ として極限値 V' は

$$V' = 2V_0$$

図1のように，3つの平行板コンデンサー
C_1〜C_3とR〔Ω〕の抵抗が接続されており，ス
イッチSは開いている。コンデンサーの極板
は全て同じ面積の円板であり，極板間は真空と
する。C_1とC_3の極板間隔は等しく，C_2の極
板間隔は，C_1，C_3の極板間隔の$\dfrac{1}{2}$である。

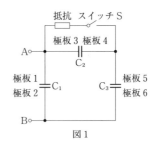

図1

全ての極板上に電荷が存在しない状態で，点
Aと点Bの間に電池を接続し，Bに対するAの電位がV〔V〕になるように
C_1〜C_3を充電し，その後，電池を取りはずした。このとき，極板1上の電荷
はQ〔C〕であった。

(1) 極板3〜6上の電荷はそれぞれいくらか。

(2) 3つのコンデンサーに蓄えられているエネルギーの総和はいくらか。

次に，スイッチSを閉じると，抵抗に電流が流れたが，しばらくすると電
流は0となった。

(3) スイッチを閉じてから，抵抗を流れる電流が0となるまでに，抵抗を通っ
て流れた電荷の総量はいくらか。

(4) 抵抗を流れる電流が0となった後の，Bに対するAの電位を求めよ。

(5) (3)と同じ時間内に抵抗で発生したジュール熱はいくらか。

次に，スイッチSを開き，C_3の極板間を比誘電率2の絶縁体で満たした。

(6) 極板3上の電荷はいくらか。

設問別難易度：(1), (2) ☺☺▢▢▢　(3)〜(6) ☺☺☺▢▢

Point 1 ： 電荷と電位の仮定 　≫ (6)

コンデンサーのどちらの極板が正に帯電するか予想できない場合，適当にどちらか
の極板を正に帯電すると仮定すればよい。ただし，電位は正に帯電すると仮定した極
板の方が高電位であると設定すること。

Point 2 ： 抵抗での発熱量の求め方 　≫ (5)

コンデンサーのつなぎかえや充放電では，一般に電流値が変化するので，ある瞬間
の抵抗における消費電力はわかっても，総計を求めることは難しい（消費電力を時間
で積分する必要がある）。そのため，抵抗での発熱量は，回路全体のエネルギーの変
化で考えることが多い。つまり，一般的な回路では

電池がした仕事

　＝コンデンサーの静電エネルギーの変化＋抵抗で発生したジュール熱

となる。電池が接続されていない場合は，電池がした仕事を 0 とすればよい。

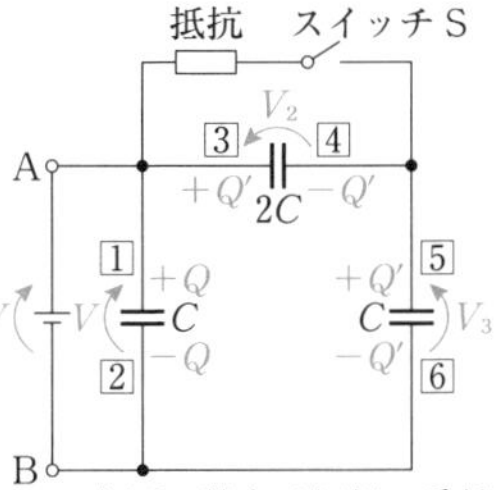

解答　(1)　C_2 の極板間隔は，C_1，C_3 の極板間隔の $\dfrac{1}{2}$

であるので，C_1 の容量を $C[\text{F}]$ とすると，C_2，C_3 の容量はそれぞれ $2C$，C となる。初めは図 2 のように接続されているから，C_1 について

$$Q=CV \quad \cdots ①$$

C_2，C_3 にかかる電圧をそれぞれ図 2 のように $V_2[\text{V}]$，$V_3[\text{V}]$ とする。**極板 4，5 で電気量保存則を考えると，C_2，C_3 に蓄えられた電荷は等しくなる。**これを $Q'[\text{C}]$ とすると

$$Q'=2CV_2=CV_3 \quad \cdots ②$$

また，電位を考えて

$$V=V_2+V_3 \quad \cdots ③$$

②，③式を解いて

$$V_2=\frac{1}{3}V \ , \quad V_3=\frac{2}{3}V$$

これより，①式も用いて

$$Q'=\frac{2CV}{3}=\frac{2}{3}Q$$

ゆえに，各極板の電荷は

極板 3：$+\dfrac{2}{3}Q[\text{C}]$ ，　極板 4：$-\dfrac{2}{3}Q[\text{C}]$ ，

極板 5：$+\dfrac{2}{3}Q[\text{C}]$ ，　極板 6：$-\dfrac{2}{3}Q[\text{C}]$

図2（抵抗　スイッチ S）

四角囲み数字は極板の番号
図 2

(2)　静電エネルギーの総和を $U[\text{J}]$ とすると，U はそれぞれのコンデンサーの静電エネルギーの和であるから

$$U=\frac{1}{2}QV+\frac{1}{2}\times\frac{2}{3}Q\times\frac{V}{3}+\frac{1}{2}\times\frac{2}{3}Q\times\frac{2V}{3}=\frac{5}{6}QV[\text{J}]$$

(3)　**抵抗に電流が流れなくなると，抵抗の両端の電位差が 0 となる。**図 3 のように C_2 の電圧は 0 で，かつ極板 1，3，4，5 の電位が全て等しくなるので，C_1，C_3 の電圧は等しくなる。C_1，C_3 は容量も等しいので，蓄えられる電荷を $Q''[\text{C}]$ とすると，極板 1，3，4，5 に対する電気量保存則より

$$Q+Q'-Q'+Q'=2Q''$$

$$\therefore \quad Q''=\frac{Q+Q'}{2}=\frac{5}{6}Q$$

抵抗を通過した電荷を ΔQ〔C〕とすると，ΔQ は，極板 4，5 の電荷の変化量と等しいので

$$\Delta Q=(Q''+0)-(-Q'+Q')=Q''$$

$$=\frac{5}{6}Q\text{〔C〕}$$

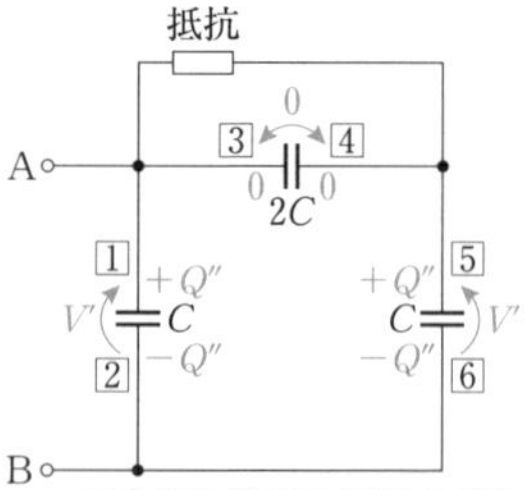

抵抗

A

$2C$

V' C $+Q''$ $-Q''$ ... C V' $+Q''$ $-Q''$

B

四角囲み数字は極板の番号
図 3

(4) B に対する A の電位＝C_1 の電圧を V'〔V〕とすると，①式も用いて

$$V'=\frac{Q''}{C}=\frac{5Q}{6C}=\frac{5}{6}V\text{〔V〕}$$

(5) スイッチを閉じて十分に時間が経過した後の，静電エネルギーの総和を U'〔J〕とすると

$$U'=\frac{1}{2}Q''V'\times2=\frac{5}{6}Q\times\frac{5}{6}V=\frac{25}{36}QV$$

静電エネルギーの減少分が，抵抗でジュール熱になるので，ジュール熱を W〔J〕とすると

$$W=U-U'=\frac{5}{6}QV-\frac{25}{36}QV=\frac{5}{36}QV\text{〔J〕}$$

(6) C_3 の極板間を比誘電率 2 の絶縁体で満たすと，電気容量は $2C$ になる。図 4 のように，コンデンサーの電圧と蓄えられる電荷をそれぞれ V_1'〔V〕，V_2'〔V〕，V_3'〔V〕と Q_1〔C〕，Q_2〔C〕，Q_3〔C〕とする（極板 3，4 ではどちらが高電位かわからないので，極板 3 が高電位であると仮定する。もし仮定が誤っていれば，V_2' は負の値になる）。このとき

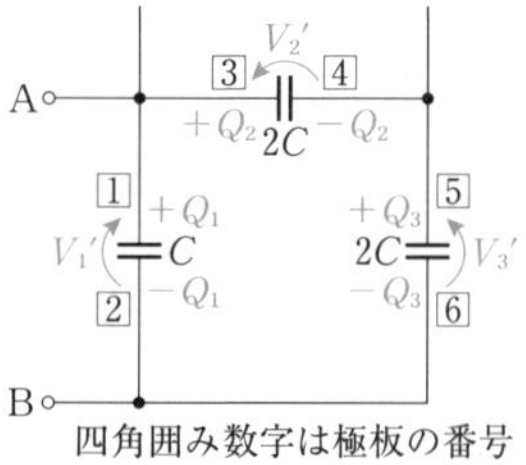

A

V_2'
$+Q_2$ $2C$ $-Q_2$

V_1' C $+Q_1$ $-Q_1$ ... $2C$ V_3' $+Q_3$ $-Q_3$

B

四角囲み数字は極板の番号
図 4

$$Q_1=CV_1' \quad , \quad Q_2=2CV_2' \quad , \quad Q_3=2CV_3'$$

極板 1，3 に対する電気量保存則より

$$Q''+0=Q_1+Q_2 \quad \cdots④$$

極板 4，5 に対する電気量保存則より

$$Q''+0=-Q_2+Q_3 \quad \cdots⑤$$

電位を考えて

$$V_1'=V_2'+V_3' \quad \cdots⑥$$

④〜⑥式に

$$Q'' = \frac{5}{6}Q = \frac{5}{6}CV$$

と上で求めた Q_1, Q_2, Q_3 を代入して解くと

$$V_2' = \frac{5}{48}V$$

ゆえに，極板3の電荷は正で

$$+Q_2 = 2C \times \frac{5}{48}V = \frac{5}{24}CV = +\frac{5}{24}Q \text{[C]}$$

以下の空欄のア～クに入る適切な式を答えよ。また，｜ ケ ｜では適切な語句を選べ。

図1では平行板コンデンサーとばねが，図2では平行板コンデンサーとおもりがつながれている。コンデンサーの極板面積を S，真空の誘電率を ε_0 とし，コンデンサーに蓄えられた電荷が Q のとき，極板間に大きさ $\dfrac{Q^2}{2\varepsilon_0 S}$ の静電気力がはたらく。

(1) 図1において極板 A は固定され，極板 B はばねの
一端に連結されて，A と平行な状態で水平に動くこ
とができる。ばねの右端は壁 D に固定されている。
極板間に静電気力，および，ばねによる弾性力がはた
らかないときの AB 間の距離は d である。ばね定数
を k とし，A と B に各々 $+Q$，$-Q$ の電荷を与えた
とき，B の変位の大きさを x とすると，$x=$ ｜ ア ｜と

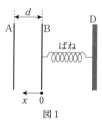

図1

なる。また，このときのコンデンサーの静電容量は ε_0，k，d，Q，S で表す
と ｜ イ ｜となる。

(2) 図1において，あらかじめ A と B の電荷を放電させて 0 にしておき，両
極板間に電圧 V を加えると，AB 間に静電気力がはたらく。この静電気力
の大きさは，ε_0，V，S，このときの静電容量 C を用いて，｜ ウ ｜と表す
ことができる。また，この静電気力により，B が x 変位したとすると，$C=$
｜ エ ｜と表すことができる。これより，B にはたらく 2 つの力のつり合い
の式は ε_0，k，x，d，V，S を用いて ｜ オ ｜$=0$ と表すことができる。いま
変位 x が，電荷をもたないときの極板間隔 d の $\dfrac{1}{4}$ であるとすると，このと
き AB 間に加えた電圧は，｜ カ ｜である。

(3) 図2に示すように，B と質量 M のおもりが，滑車
を通してひもで連結されている。滑車はなめらかに回
転するものとし，ひもの質量は無視する。A は固定
されているが，B は水平方向に動くことができる。
AB 間の電圧が V のとき，おもりにはたらく力と
AB 間にはたらく力の大きさが等しくなり，AB 間の
距離は d_0 であった。重力加速度の大きさを g とする

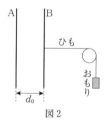

図2

と，d_0 は，ε_0，V，S，M，g を用いて ｜ キ ｜と表すことができる。次に

極板間の電圧を V に保ったまま，B をこの位置から微小な距離 Δd だけ水平右方向に動かし静止させた。このとき，B に加えた力の大きさを，M, g, d_0, Δd を用いて表すと $\boxed{\quad ク \quad}$ となる。ただし，$\Delta d \ll d_0$ として，近似を用いること。また，この力の向きは $\{$ケ. 水平右，水平左$\}$ 向きである。

設問別難易度：ア ☺☺◻◻◻　イ〜キ, ケ ☹☹☹◻◻　ク ☹☹☹☹◻

Point ┃ 極板間の引力 ≫ **ア，ウ，オ，キ，ク**

電荷が蓄えられたコンデンサーの極板間には引力がはたらく。極板の面積を S，極板間の物質の誘電率を ε，電荷を Q とすると，引力の大きさ F は

$$F = \frac{Q^2}{2\varepsilon S}$$

極板間隔を変化させるとき，Q が一定であれば引力の大きさは変化しない。逆に極板間の電圧が一定の場合は，Q が変化するので引力の大きさも変化する。

解答　ア．極板間にはたらく引力の大きさは $\dfrac{Q^2}{2\varepsilon_0 S}$ で，ばねの伸びは x なので，B にはたらく力のつり合いより

$$kx - \frac{Q^2}{2\varepsilon_0 S} = 0 \qquad \therefore \quad x = \frac{Q^2}{2k\varepsilon_0 S}$$

イ．極板間隔が $d-x$ なので，静電容量を C_1 として，アの結果も用いて

$$C_1 = \frac{\varepsilon_0 S}{d-x} = \frac{\varepsilon_0 S}{d - \dfrac{Q^2}{2k\varepsilon_0 S}} = \frac{2k\varepsilon_0{}^2 S^2}{2k\varepsilon_0 S d - Q^2}$$

ウ．蓄えられる電荷は $Q = CV$ なので，極板間の引力の大きさを F として

$$F = \frac{Q^2}{2\varepsilon_0 S} = \frac{C^2 V^2}{2\varepsilon_0 S} \quad \cdots ①$$

エ．極板間隔が $d-x$ なので，静電容量 C は

$$C = \frac{\varepsilon_0 S}{d-x}$$

オ．①式に C を代入すると

$$F = \frac{\varepsilon_0 S V^2}{2(d-x)^2}$$

極板間にはたらく引力と，ばねの弾性力がつり合っているので

$$0 = kx - F = kx - \frac{\varepsilon_0 S V^2}{2(d-x)^2} \quad \cdots ② \quad \left(\frac{\varepsilon_0 S V^2}{2(d-x)^2} - kx \text{ も正解} \right)$$

カ．②式に $x = \dfrac{d}{4}$ を代入して，V について解くと

$$0 = k \times \dfrac{d}{4} - \dfrac{\varepsilon_0 S V^2}{2\left(d - \dfrac{d}{4}\right)^2} \qquad \therefore \quad V = \dfrac{3d}{4}\sqrt{\dfrac{kd}{2\varepsilon_0 S}}$$

キ．極板間隔が d_0 のときの静電容量は $\dfrac{\varepsilon_0 S}{d_0}$ なので，①式より極板間にはたらく引力の大きさは

$$\dfrac{\left(\dfrac{\varepsilon_0 S}{d_0}\right)^2 V^2}{2\varepsilon_0 S} = \dfrac{\varepsilon_0 S V^2}{2{d_0}^2}$$

この引力と重力がつり合うので

$$Mg - \dfrac{\varepsilon_0 S V^2}{2{d_0}^2} = 0 \quad \cdots ③ \qquad \therefore \quad d_0 = V\sqrt{\dfrac{\varepsilon_0 S}{2Mg}}$$

ク．静電容量は $\dfrac{\varepsilon_0 S}{d_0 + \varDelta d}$ となるので，①式より極板間の引力の大きさは

$$\dfrac{\left(\dfrac{\varepsilon_0 S}{d_0 + \varDelta d}\right)^2 V^2}{2\varepsilon_0 S} = \dfrac{\varepsilon_0 S V^2}{2(d_0 + \varDelta d)^2}$$

この式を変形し，$\dfrac{\varDelta d}{d_0} \ll 1$ として近似を用いると

$$\dfrac{\varepsilon_0 S V^2}{2(d_0 + \varDelta d)^2} = \dfrac{\varepsilon_0 S V^2}{2{d_0}^2\left(1 + \dfrac{\varDelta d}{d_0}\right)^2} \fallingdotseq \dfrac{\varepsilon_0 S V^2}{2{d_0}^2}\left(1 - \dfrac{2\varDelta d}{d_0}\right)$$

B に加えた力を水平右向きを正として f とする。B にはたらく力のつり合いより

$$Mg + f - \dfrac{\varepsilon_0 S V^2}{2{d_0}^2}\left(1 - \dfrac{2\varDelta d}{d_0}\right) = 0$$

③式を用いて整理して

$$f = -\dfrac{2\varDelta d}{d_0} Mg$$

力の大きさは　　$|f| = \dfrac{2\varDelta d}{d_0} Mg$

(参考) $|x| \ll 1$ のとき成り立つ近似式 $(1+x)^a \fallingdotseq 1 + ax$ を用いた。

ケ．$f < 0$ より，B に加えた力は　　水平左向き

SECTION

3

直流回路

問題29 難易度：☺☺☺◯◯

　金属中を流れる電流に関する多くの現象は，電流を
自由電子の流れと考えることによって理解できる。電
流の強さは導体の断面を単位時間に通過する電荷の総
量で与えられる。図1のように，長さ L，断面積 S
の金属導線の両端に電圧 V を加えると，金属導線内

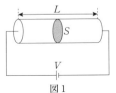

図1

部に電場が生じる。自由電子はこの電場から力を受けて加速されるが，熱振動
している正イオンと絶えず衝突してその速度は複雑に変化している。しかし，
十分多くの自由電子が流れている場合は，全ての電子が電場と逆方向にある平
均速度で進んでいると近似できる。ここで，オームの法則およびジュール熱を
理解するために，次のような簡略化されたモデルを考えよう。自由電子は電場
からの力のみを受けて等加速度直線運動をするが，一定時間 t_C ごとに正イオ
ンと衝突し，衝突直後は速度が 0 になるものとする。以下の問いには，電子の
質量 m，電子の電気量の大きさ e，単位体積あたりの電子の個数 n，そのほか
上で与えた L, S, V, t_C のうち必要な記号を用いて答えよ。

(1) 電子の加速度の大きさ a および最大速度の大きさ v_m を求めよ。また，電
　　子が正イオンと衝突してから再び衝突するまでに移動する距離 d を求めよ。

(2) 電子の速さ v と時間 t の関係をグラフに表せ。ただし $t=0$ で $v=0$ として，
　　$0 \leqq t \leqq 3t_C$ の範囲で描くこと。

(3) この金属導線内の全ての自由電子が，衝突によって単位時間あたりに失う
　　運動エネルギー K を求めよ。

(4) (2)を参考にして，電子の平均の速さ $\bar{v}$ および電流 I を求めよ。

(5) (4)の結果を用いて，この導線の抵抗値 R および単位時間あたりに発生す
　　るジュール熱（電力）P を求めよ。

(6) (3)で求めた K と(5)で求めた P とはどのような関係にあるか。
　　一般に金属の抵抗は温度とともに変化することが知られている。

(7) 温度を上げたとき抵抗値はどのように変化するか，理由とともに述べよ。

⸎設問別難易度：(1), (6) ☺☺◯◯◯　(2)〜(5), (7) ☺☺☺◯◯

電磁気

SECTION 3

　金属中の自由電子の運動よりオームの法則や抵抗値を求める問題は，全ての自由電子が一定の速さ（速さの平均）で運動していると仮定して考えることが多いが，実際には本問のように正イオンと衝突を繰り返して運動している。問題文の説明をしっかりと読み，電磁気と力学の基本事項に適用していくこと。

解答　(1)　金属中の電場の強さを E とすると

$$E = \frac{V}{L}$$

となり，向きは図1の右向きである。電子は図1の左向きに電場から大きさ eE の力を受けるから，運動方程式は

$$ma = eE \quad \therefore \quad a = \frac{eE}{m} = \frac{eV}{mL}$$

電子は速度0の状態から加速度 a で，時間 t_C で衝突するまで運動するので

$$v_m = a t_C = \frac{eV t_C}{mL}$$

この間の移動距離 d は，等加速度運動の公式より

$$d = \frac{1}{2} a t_C{}^2 = \frac{eV t_C{}^2}{2mL}$$

(2)　電子は一定の加速度で加速し，時間 t_C 後に速さ v_m に達すると正イオンと衝突して，速さが0になることを繰り返す。ゆえに，図2のようになる。

(3)　1個の電子が1回の衝突で失うエネルギーは

$$\frac{1}{2} m v_m{}^2 = \frac{e^2 V^2 t_C{}^2}{2mL^2}$$

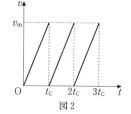
図2

である。電子は時間 t_C ごとに，これだけのエネルギーを失う。金属導線の内部にある自由電子の総数は nSL なので，単位時間あたりに失う運動エネルギー K は

$$K = nSL \times \frac{e^2 V^2 t_C{}^2}{2mL^2} \times \frac{1}{t_C} = \frac{e^2 nSV^2 t_C}{2mL}$$

(4)　加速度が一定なので，平均の速さは

$$\bar{v} = \frac{v_m}{2} = \frac{eV t_C}{2mL}$$

電流は，ある断面を単位時間に通過する電子の電気量の総和なので

$$I = enS\bar{v} = \frac{e^2 nSV t_C}{2mL} \quad \cdots ①$$

別解　時間 t_C ごとに距離 d だけ進むことを繰り返すので, (1)の結果も用いて

$$\bar{v} = \frac{d}{t_C} = \frac{eVt_C}{2mL}$$

(5) オームの法則より, $V = RI$ である。①式を変形すると

$$V = \frac{2mL}{e^2 nSt_C} I$$

となるので

$$R = \frac{2mL}{e^2 nSt_C} \quad \cdots ②$$

単位時間あたりに発生するジュール熱＝抵抗での消費電力 P は, 公式と①式より

$$P = IV = \frac{e^2 nSV^2 t_C}{2mL}$$

(6) 金属中の全電子が単位時間あたりに失う運動エネルギーが, 単位時間あたりに発生するジュール熱であるので

$$K = P$$

(7) （答）抵抗値は大きくなる。

（理由）温度が高くなると正イオンの運動が激しくなり, 電子と衝突しやすくなるので t_C が小さくなる。②式より t_C が小さくなると, 抵抗値は大きくなる。

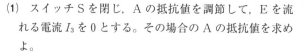

問題30 難易度： 😊😊🔘🔘🔘

　図1に示す回路を考える。抵抗Aは可変抵抗で，抵抗D，Eの抵抗値はR，抵抗B，Fの抵抗値は$2R$とし，電池の起電力はVとする。図に示すような向きにA，B，Eを流れる電流をそれぞれI_1，I_2，I_3とする。

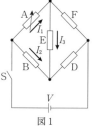

(1)　スイッチSを閉じ，Aの抵抗値を調節して，Eを流れる電流I_3を0とする。その場合のAの抵抗値を求めよ。

(2)　Sを閉じたままAの抵抗値をRに変える。その場合のI_1，I_2，I_3を，キルヒホッフの法則より求め，R，Vを用いて表せ。

(3)　Sを開き，Aの抵抗値はRのままとし，Eを電気容量Cのコンデンサーに交換する。Sを再び閉じて十分に時間が経過したときコンデンサーに蓄えられる電気量Qを求めよ。

図1

😊設問別難易度：**(1), (3)** 😊😊🔘🔘🔘　**(2)** 😊😊😊🔘🔘

Point　キルヒホッフの法則　≫ **(2), (3)**

第1法則

　回路中の1点に流れ込む電流の和と流れ出す電流の和は等しい。

これは電気量保存則である。電流は電荷の流れであり，電荷は消えたり生まれたりしないので，第1法則が成り立つ。

第2法則

　任意の閉回路（閉じた経路）で，起電力の和と電圧降下の和は等しい。

これは，電位を高さと考えるということを意味する。閉じた経路を回って元の位置に戻ると，電位も元に戻るので，電位の上昇（起電力の和）と電位の下降（電圧降下の和）は等しくなる。経路を回る向きによって，起電力でも電位が下降する場合，または電圧降下でも電位が上昇する場合は，それぞれ負の値として計算する。

解答　図2のように，回路中に点a，b，c，dをとる。

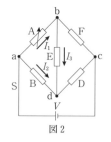

(1)　Eに電流が流れないので，F，Dに流れる電流はそれぞれI_1，I_2である。また，**Eに流れる電流は0なので，b，dの電位は等しい。ゆえにab間とad間，またbc間とdc間の電圧は等しい。**Aの抵抗値をR_Aとして

$$R_A I_1 = 2R I_2　\cdots ①$$

図2

$$2RI_1 = RI_2 \quad \cdots ②$$

①式÷②式 より

$$\frac{R_A I_1}{2RI_1} = \frac{2RI_2}{RI_2} \qquad \therefore \quad R_A = 4R$$

(2) キルヒホッフの第1法則より，F，D に流れる電流はそれぞれ，$I_1 - I_3$，$I_2 + I_3$ である。**キルヒホッフの第2法則より，適当な閉じた経路について式を作る。**

$$電池 \rightarrow a \rightarrow b \rightarrow c \rightarrow 電池 : V = RI_1 + 2R(I_1 - I_3) \quad \cdots ③$$
$$電池 \rightarrow a \rightarrow d \rightarrow c \rightarrow 電池 : V = 2RI_2 + R(I_2 + I_3) \quad \cdots ④$$
$$a \rightarrow b \rightarrow d \rightarrow a \qquad\qquad : 0 = RI_1 + RI_3 - 2RI_2 \quad \cdots ⑤$$

③～⑤式を解いて

$$I_1 = \frac{3V}{7R} \quad , \quad I_2 = \frac{2V}{7R} \quad , \quad I_3 = \frac{V}{7R}$$

(3) 問題の状況は図3のようになる。十分に時間が経過したとき，コンデンサーに電流が流れなくなるので，F，D に流れる電流はそれぞれ，I_1，I_2 である。キルヒホッフの第2法則より

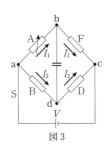

図3

$$V = RI_1 + 2RI_1 \qquad \therefore \quad I_1 = \frac{V}{3R}$$

$$V = 2RI_2 + RI_2 \qquad \therefore \quad I_2 = \frac{V}{3R}$$

ゆえに，d に対する b の電位を V_{bd} とすると

$$V_{bd} = 2RI_1 - RI_2 = \frac{V}{3}$$

これより，コンデンサーに蓄えられる電気量 Q は

$$Q = CV_{bd} = \frac{CV}{3}$$

問題31 難易度：☺☺☺▢▢

　図1のようにそれぞれ電気容量 C，$2C$ のコンデンサー C_1，C_2，抵抗値 R，$4R$，$2R$ の抵抗 R_1，R_2，R_3，および起電力 V の電池 E とスイッチ S からなる回路がある。初め，スイッチは開かれており，コンデンサーに電荷は蓄えられていない。

　(1)～(3)の電流の向きはa～gの記号を用いて答えること。

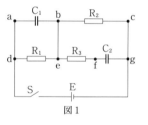

図1

(1)　S を閉じた直後，R_1, R_2, R_3 と C_1, C_2 に流れる電流の強さと向きを答えよ。

(2)　S を閉じて十分に時間が経過した後，R_1 に流れる電流の強さと向きを答えよ。また，C_1, C_2 に蓄えられた電気量を求めよ。

　次に，S を開く。

(3)　S を開いた直後，R_1, R_3 に流れる電流の強さと向きを答えよ。

(4)　S を開いて十分に時間が経過する間に，R_1, R_3 で発生するジュール熱をそれぞれ求めよ。

⚡設問別難易度：(1),(3),(4) ☺☺☺▢▢　(2) ☺☺▢▢▢

Point 1 | スイッチの開閉とコンデンサーの電荷 » (1), (3)

　電荷の移動には時間がかかるので，スイッチを開閉した直後は，コンデンサーの電荷はまだ移動していない。ゆえに，スイッチを開閉する直前と同じ電気量が蓄えられている。この電気量を元に，コンデンサーの公式 $Q=CV$ よりコンデンサーの極板間の電圧を求め，キルヒホッフの法則を用いて式を立てればよい。

Point 2 | 抵抗で発生するジュール熱 » (4)

　抵抗値 R の抵抗に電流 I が流れるとき，消費電力（単位時間に発生するジュール熱）P は $P=RI^2$ であり，電流が一定であれば時間 t に発生するジュール熱 W は $W=RI^2t$ となるが，本問のようなコンデンサーの充放電の問題では電流値が時間とともに変動するので，この式で求めることができない。

　電流値が変動する場合は，全体のエネルギーの流れを考えてジュール熱を求める。一般に，電池がした仕事を W_E，コンデンサーの静電エネルギーの変化を ΔU，抵抗で発生するジュール熱を W とすると

$$W_E = \Delta U + W$$

が成り立つので，この式を用いてジュール熱を求める。なお，電池に接続されていない場合は $W_E=0$ としてこの式を使う。

解答 (1) **スイッチを入れた直後，コンデンサーに電荷は蓄えられていないので，極板間の電圧は0である。** C_1 にかかる電圧が 0 なので，R_1 にかかる電圧も 0 で R_1 に電流は流れない。

$\qquad$ R_1 の電流：0

ab 間，de 間の電圧が 0 なので bc 間，eg 間の電圧は V である。つまり，R_2 にかかる電圧は V で，また，C_2 にかかる電圧が 0 なので，R_3 にかかる電圧も V である。ゆえに，R_2，R_3 に流れる電流の強さをそれぞれ I_{R2}，I_{R3} とすると

$$R_2 : I_{R2} = \frac{V}{4R} \quad 向き \quad b \to c$$

$$R_3 : I_{R3} = \frac{V}{2R} \quad 向き \quad e \to f$$

C_2 に流れる電流の強さを I_{C2} とすると，R_3 を流れる電流が C_2 にも流れるので

$$C_2 : I_{C2} = I_{R3} = \frac{V}{2R} \quad 向き \quad f \to g$$

R_1 に電流は流れないことを考慮して，C_1 に流れる電流の強さを I_{C1} とすると

$$C_1 : I_{C1} = I_{R2} + I_{R3} = \frac{3V}{4R} \quad 向き \quad a \to b$$

(2) 十分に時間が経過すると，**コンデンサーには電流が流れなくなるので，R_3 にも電流は流れない。** その結果，図2の経路で電流が流れる。電流の強さを I とすると，キルヒホッフの法則より

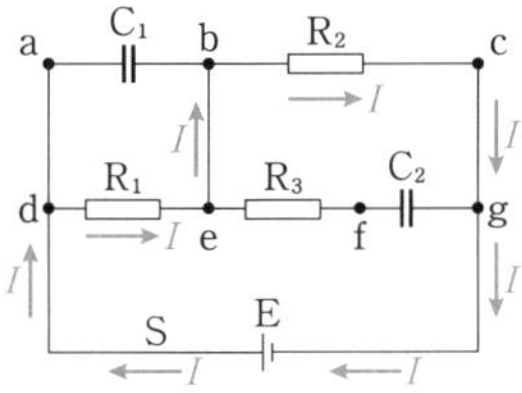

図2

$$V = RI + 4RI$$

$$\therefore \quad I = \frac{V}{5R} \quad 向き \quad d \to e$$

C_1，C_2 にかかる電圧をそれぞれ V_1，V_2 とすると，それぞれは R_1，R_2 の両端の電圧と等しい（R_3 に電流は流れないので，R_3 の電圧は 0 である）。

$$V_1 = RI = \frac{V}{5} \quad , \quad V_2 = 4RI = \frac{4V}{5}$$

ゆえに，C_1，C_2 に蓄えられた電気量をそれぞれ Q_1，Q_2 とすると

$$Q_1 = CV_1 = \frac{1}{5}CV \quad , \quad Q_2 = 2CV_2 = \frac{8}{5}CV$$

(3) スイッチを開いた直後，**コンデンサーに蓄えられている電気量はQ_1，Q_2のままなので，極板間の電圧もV_1，V_2のままである。**C_1は a 側に，C_2は f 側に正電荷が蓄えられて電位が高くなっていることを考えると，図3のように電流が流れる。R_1と，R_2，R_3に流れる電流の強さをそれぞれI_1，I_2とすると，I_1の流れる

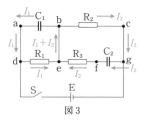

図3

向きは a→d→e→b→a，I_2の流れる向きは f→e→b→c→g→f であり，eb 間の電流はI_1+I_2である。キルヒホッフの法則より

$$V_1=\frac{V}{5}=RI_1 \quad \therefore \quad I_1=\frac{V}{5R}$$

$$V_2=\frac{4V}{5}=4RI_2+2RI_2 \quad \therefore \quad I_2=\frac{2V}{15R}$$

R_1：強さ $\dfrac{V}{5R}$ 向き d→e

R_3：強さ $\dfrac{2V}{15R}$ 向き f→e

(4) スイッチを開く前，C_1，C_2に蓄えられた静電エネルギーをそれぞれU_1，U_2とすると

$$U_1=\frac{1}{2}Q_1V_1=\frac{1}{50}CV^2 \quad , \quad U_2=\frac{1}{2}Q_2V_2=\frac{16}{25}CV^2$$

C_1に蓄えられた電荷はR_1を通って放電され，やがてC_1の電荷は 0 になる。ゆえに，**初めにC_1に蓄えられていた静電エネルギーがR_1でジュール熱になる。**R_1で発生するジュール熱をW_1とすると

$$W_1=U_1=\frac{1}{50}CV^2$$

同様に，**C_2に蓄えられていた静電エネルギーがR_2，R_3でジュール熱になる。**R_2，R_3に流れる電流は時間により変化するが，R_2とR_3に流れる電流の強さは常に等しい。よって，ある瞬間の電流をiとすると，R_2，R_3での消費電力の比は

$$4Ri^2:2Ri^2=2:1$$

となるので，R_3で発生するジュール熱をW_3とすると

$$W_3=U_2\times\frac{1}{2+1}=\frac{16}{25}CV^2\times\frac{1}{3}=\frac{16}{75}CV^2$$

問題32　難易度：😊😊□□□

ある電球 X について，それに加わる電圧と電流との関係を調べたら，図1のような曲線関係が得られた。問題中の電池や電流計の内部抵抗は無視できるほど小さいものとする。

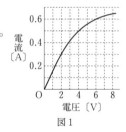
図1

(1) 電球 X に関して，次の空欄のア～オに入る適切な数字（有効数字2桁）や語句を答えよ。

　　電球 X を 2.0 V で使用したときの電球の抵抗値は ア Ω であり，消費電力は イ W である。また，6.0 V で使用したときの電気抵抗は ウ Ω である。電球 X のフィラメントの温度は，消費電力の増大とともに エ すると考えられるので，図1のグラフは，フィラメントの電気抵抗が温度の上昇とともに オ することを示している。

(2) 図2のように，同じ電球 X を3つ直列につなぎ，さらに起電力 12 V の電池を用いて電圧を加えた場合，回路に流れる電流 I〔A〕，および，そのときの電球1個あたりの抵抗 R_X〔Ω〕を有効数字2桁で求めよ。

図2

(3) 図3のように3個の電球 X と，2つの抵抗（1つは 10 Ω，もう1つの抵抗値 R〔Ω〕は不明）と，起電力 18 V の電池によって構成されたブリッジ回路がある。スイッチ S を閉じると，検流計 G の針は 0 を指した。抵抗値 R〔Ω〕を有効数字2桁で求めよ。また，このときの電球の抵抗値である R_1〔Ω〕，R_2〔Ω〕および電流計 A に流れる電流 I_A〔A〕を有効数字2桁で求めよ。

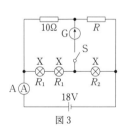
図3

(4) 図4のように電球 X を2個と 10 Ω の抵抗，ならびに起電力 8.0 V の電池を接続した回路において

(a) PQ 間の電圧 V〔V〕を各電球 X を流れる電流 I'〔A〕を用いて表せ。

(b) (a)で得られた関係式と図1のグラフから，電流計 A を流れる電流 I_A'〔A〕，および，そのときの電球 X の抵抗 R_X'〔Ω〕を有効数字2桁で求めよ。

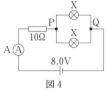
図4

設問別難易度：(1) 😊□□□□　(2), (4) 😊😊□□□　(3) 😊😊😊□□

　電圧，電流により抵抗値が変動する非直線抵抗の問題では，電圧―電流の関係を示す特性曲線を利用して解く。他の素子と組み合わされた回路では，非直線抵抗の電圧を V，電流を I として，回路に対してキルヒホッフの法則より式を作り，この式を特性曲線のグラフに描き込んで交点を求めればよい。

解答　(1)　ア．電球の特性曲線（図1）より，電圧 2.0 V のときの電流は 0.30A である。このときの抵抗値は，オームの法則より

$$\frac{2.0}{0.30} = 6.66 \fallingdotseq 6.7\,\Omega$$

　　　イ．消費電力は

$$2.0 \times 0.30 = 0.60\,\mathrm{W}$$

　　　ウ．特性曲線より，電圧 6.0 V のときの電流は 0.60A である。このときの抵抗値は，オームの法則より

$$\frac{6.0}{0.60} = 10\,\Omega$$

　　　エ．電圧が高くなると電流も強まり，電球での消費電力は増加する。そのため発熱量も増えるので，温度は上昇する。

　　　オ．電圧を V，電流を I，抵抗値を R とすると，オームの法則より

$$I = \frac{V}{R}$$

　　　となる。ゆえに，図1の特性曲線の傾きが $\dfrac{1}{R}$ を示す。電圧が大きくなると傾きが小さくなるので，抗値 R は増大する。

　　　参考　一般に電球のフィラメントは金属でできている。金属は温度の上昇とともに抵抗値が増大する。半導体（ダイオード等）は逆で，温度の上昇とともに抵抗値は減少する。

　　(2)　電球1個あたりにかかる電圧は

$$\frac{12}{3} = 4.0\,\mathrm{V}$$

　　　であるので，特性曲線より電流 I は

$$I = 0.50\,\mathrm{A}$$

　　　抵抗値 R_X は

$$R_\mathrm{X} = \frac{4.0}{0.50} = 8.0\,\Omega$$

(3) 検流計に電流が流れないので，**3個の電球に流れる電流が等しく電圧も等しい**。1個の電球にかかる電圧は

$$\frac{18}{3}=6.0\,\text{V}$$

ゆえに，$10\,\Omega$ の抵抗にかかる電圧は，電球2個分の電圧と等しく

$$2\times6.0=12\,\text{V}$$

で，流れる電流は

$$\frac{12}{10}=1.2\,\text{A}$$

もう1つの抵抗にかかる電圧は電球1個分の $6.0\,\text{V}$ で電流は $1.2\,\text{A}$ なので，抵抗値 R は

$$R=\frac{6.0}{1.2}=5.0\,\Omega$$

また，電球に流れる電流は全て同じで，特性曲線より $0.60\,\text{A}$ なので，R_1，R_2 は等しく

$$R_1=R_2=\frac{6.0}{0.60}=10\,\Omega$$

電流計を流れる電流 I_A は

$$I_A=1.2+0.60=1.8\,\text{A}$$

(4)(a) $10\,\Omega$ の抵抗に流れる電流は $2I'$ である。キルヒホッフの第2法則より

$$8.0=10\times2I'+V$$

∴ $V=8.0-20I'$ …①

(b) **①式を図1のグラフに描き込み，特性曲線との交点を探す**。図5のようになり

$$V=2.0\,\text{V} \quad, \quad I'=0.30\,\text{A}$$

これより

$$I_A'=2I'=2\times0.30=0.60\,\text{A}$$

電球の抵抗値 R_X' は(1)アと同じで

$$R_X'\fallingdotseq6.7\,\Omega$$

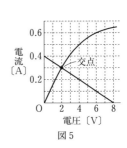

図5

難易度：😊⬜⬜⬜⬜

　右図のように，起電力 E〔V〕，抵抗値 r〔Ω〕の内部抵抗をもつ電池に，抵抗値 R_1〔Ω〕の抵抗1と可変抵抗を接続した回路がある。可変抵抗の抵抗値を R_X〔Ω〕とする。

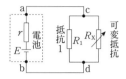

(1)　右図の cd 間の合成抵抗 R〔Ω〕を，R_1，R_X を用いて答えよ。

(2)　電池に流れる電流と，端子電圧（ab 間の電圧）を，それぞれ E，r，R_1，R_X を用いて表せ。

(3)　抵抗1に流れる電流を，E，r，R_1，R_X を用いて表せ。

(4)　抵抗1と可変抵抗での消費電力の和 P〔W〕を，E，r と(1)で求めた R を用いて表せ。

　次に，可変抵抗の抵抗値 R_X を変化させると P が変化し，R_X がある値のとき，P が最大値（極大値）となった。

(5)　P が最大になるときの，可変抵抗の抵抗値 R_X を r，R_1 を用いて表せ。また，このときの P を E，r を用いて表せ。

(6)　P が極大値をとるためには R_1 はある条件を満たしていなければならない。その条件を答えよ。ただし，可変抵抗の抵抗値 R_X は有限の値である。

設問別難易度：(1)😊⬜⬜⬜⬜　(2)〜(4),(6)😊😊⬜⬜⬜　(5)😊😊😊⬜⬜

Point 1　電池の起電力，内部抵抗，端子電圧 ≫ (2)

起電力 E，内部抵抗 r の電池に電流 I が流れるとき，端子電圧 V は
$$V = E - rI$$
である。

Point 2　最大値を求める ≫ (5)

　ある量（本問では可変抵抗の抵抗値）が変化したとき，その量を含むある量の最大，最小や極大，極小を求めるような問題では，数学で学んだ手法を使えばよい。本問の(5)では，電力を示す式の分母を平方完成して最大となる値を求めるか，別解にあるように微分を活用してもよい。

解答　(1)　並列接続であるので，**合成抵抗の公式**より
$$\frac{1}{R} = \frac{1}{R_1} + \frac{1}{R_X} \qquad \therefore\ R = \frac{R_1 R_X}{R_1 + R_X}\text{〔Ω〕} \quad \cdots ①$$

(2) 電池に流れる電流を I〔A〕とする。(1)で求めた合成抵抗 R も用いて，キルヒホッフの第2法則より

$$E=rI+RI$$

$$\therefore \quad I=\frac{E}{r+R}=\frac{E}{r+\dfrac{R_1 R_X}{R_1+R_X}}=\frac{(R_1+R_X)E}{r(R_1+R_X)+R_1 R_X}〔\mathrm{A}〕$$

端子電圧を V〔V〕とする。V は，cd 間の電圧と等しいので

$$V=RI=\frac{RE}{r+R}=\frac{R_1 R_X E}{r(R_1+R_X)+R_1 R_X}〔\mathrm{V}〕$$

別解　内部抵抗での電圧降下が rI なので

$$V=E-rI=E-\frac{rE}{r+R}=\frac{RE}{r+R}=\frac{R_1 R_X E}{r(R_1+R_X)+R_1 R_X}〔\mathrm{V}〕$$

(3) 抵抗1に流れる電流を I_1〔A〕とする。cd 間の電圧が V なので，オームの法則より

$$I_1=\frac{V}{R_1}=\frac{R_X E}{r(R_1+R_X)+R_1 R_X}〔\mathrm{A}〕$$

(4) cd 間全体で，**抵抗値 R の抵抗に電流 I が流れている**と考えればよいので，消費電力 P は

$$P=RI^2=R\left(\frac{E}{r+R}\right)^2〔\mathrm{W}〕 \quad \cdots ②$$

(5) まず，合成抵抗 R を用いて考える。②式の分子，分母を R で割って，さらに変形すると

$$P=\frac{E^2}{\left(\dfrac{r}{\sqrt{R}}+\sqrt{R}\right)^2}=\frac{E^2}{\left(\dfrac{r}{\sqrt{R}}-\sqrt{R}\right)^2+4r}$$

これより，P が最大になるのは，分母が最小になるときで，$r>0$，$R>0$ より

$$\frac{r}{\sqrt{R}}-\sqrt{R}=0 \quad \therefore \quad R=r$$

これを①式の R に代入して，このときの R_X を求めると

$$r=\frac{R_1 R_X}{R_1+R_X} \quad \therefore \quad R_X=\frac{rR_1}{R_1-r}〔\Omega〕 \quad \cdots ③$$

このときの P は，②式に $R=r$ を代入して

$$P=\frac{E^2}{4r}〔\mathrm{W}〕$$

別解　$r>0$，$R>0$ の条件で，P の最大値を求めるため，P を R で微分すると

$$\frac{dP}{dR} = \frac{(r+R)^2 - 2R(r+R)}{(r+R)^4}E^2 = \frac{r-R}{(r+R)^3}E^2$$

となる。$r>0$，$R>0$ の条件で考えると，$R<r$ のとき $\dfrac{dP}{dR}>0$，$R>r$ のとき $\dfrac{dP}{dR}<0$ より，P は上に凸のグラフで，$R=r$ のとき $\dfrac{dP}{dR}=0$ で極大となる。つまり，P が極大になるのは $R=r$ のときである。これを①式と②式の R に代入して

$$R_{\mathrm{X}} = \frac{rR_1}{R_1 - r}(\Omega) \quad , \quad P = \frac{E^2}{4r}(\mathrm{W})$$

(6) 抵抗値は必ず正の値であるので，③式を満たす R_{X} が存在するためには

$$R_1 - r > 0 \quad \therefore \quad R_1 > r$$

（参考） 抵抗 1 に並列に可変抵抗を接続するので，合成抵抗は必ず R_1 よりも小さくなる。ゆえに，合成抵抗 $R=r$ とするためには，$R_1>r$ でなければならない。

問題34 難易度：

半導体ダイオードDの順方向電圧と電流の関係を図1に示す。このダイオードD，電圧を変えられる直流電源E，スイッチS_1，S_2，S_3，S_4，抵抗R_1（200Ω），R_2（50Ω）を導線でつないで，図2のような電気回路を構成した。直流電源の内部抵抗は無視できるものとする。

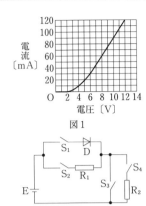

図1

図2

(1) スイッチS_1，S_2およびS_3を閉じ，S_4を開いた状態でEの電圧を変化させた。このとき，抵抗R_1を流れる電流I_1〔mA〕およびスイッチS_3を流れる電流I_2〔mA〕を図1のグラフ上に示せ。

(2) 次に，スイッチS_1，S_2およびS_4を閉じ，S_3を開いた状態でEの電圧を変化させた。このとき，横軸にEの電圧，縦軸にスイッチS_4を流れる電流I_3〔mA〕をとりグラフに示せ。

(3) (2)において，Eの電圧が13Vの場合，ダイオードD，R_1およびR_2で消費される電力をそれぞれ求めよ。

設問別難易度：(1) (2), (3)

Point　非直線抵抗（解法②） ≫ (1)～(3)

この問題では，ダイオードを非直線抵抗と考えることができる。非直線抵抗の問題の解法として，**複数の素子に対する特性曲線を合成して求める**方法もある。

解答 (1) R_1には，ダイオードDと同じ電圧がかかる。この電圧をV〔V〕とすると，R_1に流れる電流I_1は

$$I_1=\frac{V}{200}〔\mathrm{A}〕=\frac{V}{200}\times10^3〔\mathrm{mA}〕=5.00\times V〔\mathrm{mA}〕$$

図1の横軸はVであるので，これをグラフに描き込むと図3のI_1となる。ダイオードDに流れる電流をI_D〔mA〕とすると，S_3を流れる電流I_2は

$$I_2=I_D+I_1$$

となる。つまり，**ある電圧でのI_DとI_1のグラフを縦軸方向に足せばよい**。例えば，

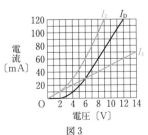

図3

$V=4.0\,\mathrm{V}$ のとき，$I_D=10\,\mathrm{mA}$，$I_1=20\,\mathrm{mA}$ より，$I_2=10+20=30\,\mathrm{mA}$ となる。これを繰り返してグラフを描くと図3の I_2 となる。

(2) I_3 は，ダイオードDと R_1 に流れる電流の和である。I_3 がある値のときのダイオードDと R_1 の電圧を $V_D[\mathrm{V}]$ とし，仮に V_D を横軸にとって I_3 をグラフにすると，I_3 は(1)の I_2 と同じなので，図4の V_D となる。また，R_2 の両端の電圧を $V_R[\mathrm{V}]$ とすると，オームの法則より

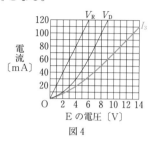

図4

$$V_R=50I_3$$

なので，仮に V_R を横軸にとって，I_3 を描くと図4の V_R となる。電池の電圧を $V_E[\mathrm{V}]$ とすると，V_E は

$$V_E=V_D+V_R$$

となるので，**電流 I_3 のときの V_E は，V_D と V_R のグラフを横軸方向に足せばよい。** 例えば，電流 $I_3=60\,\mathrm{mA}$ のとき，$V_D=6.0\,\mathrm{V}$，$V_R=3.0\,\mathrm{V}$ より，$V_E=6.0+3.0=9.0\,\mathrm{V}$ となる。これを繰り返してグラフを描くと**図4の I_3** となる。

(3) (2)で描いたグラフより，$V_E=13\,\mathrm{V}$ のとき，$I_3=100\,\mathrm{mA}=0.10\,\mathrm{A}$ である。このとき，V_D のグラフより $V_D=8.0\,\mathrm{V}$ となり，図1の特性曲線より $I_D=60\,\mathrm{mA}=0.060\,\mathrm{A}$ となる。よって，それぞれの素子の消費電力は

ダイオードD：$I_D V_D=0.060\times8.0=0.48\,\mathrm{W}$

$R_1\qquad\quad:\dfrac{V_D{}^2}{200}=\dfrac{8.0^2}{200}=0.32\,\mathrm{W}$

$R_2\qquad\quad:50I_3{}^2=50\times0.10^2=0.50\,\mathrm{W}$

問題35 難易度：

抵抗に流れる電流と電圧を測定し，抵抗値を求める実験について考える。内部抵抗の無視できる起電力 E の電源，電流計（内部抵抗 r_A），電圧計（内部抵抗 r_V）と抵抗を用意する。これらを接続して，抵抗の抵抗値 R を測定するのだが，電流計と電圧計には内部抵抗があるため，抵抗の電流，電圧の両方を同時に正確に求めることはできない。

次の(1)・(2)の空欄のア〜キに入る適切な式を答えよ。また，(3)に答えよ。

(1) 電源，抵抗，電流計，電圧計を図1のように接続する。このとき，抵抗の両端の電圧は ア ，抵抗に流れる電流は イ である。このとき，電流計，電圧計が示す値（測定値）が抵抗に流れる電流，電圧であると考えて求めた抵抗値 R_1 は ウ となる。真の抵抗値 R との差を $\Delta R = R_1 - R$ として，$\left| \dfrac{\Delta R}{R} \right|$ をこの測定の相対誤差という。この場合，相対誤差は エ となる。

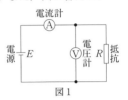

図1

(2) 次に，図2のような回路で測定する。抵抗に流れる電流は オ である。電流計，電圧計の測定値を抵抗に流れる電流，電圧として求めた抵抗値 R_2 は カ となり，相対誤差は キ となる。

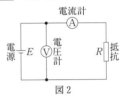

図2

(3) $1.0\,\mathrm{k\Omega}$ の抵抗の抵抗値を図1，図2の回路を用いて相対誤差1％以下で測定したい。r_A や r_V の値にはどのような条件が必要か，それぞれ答えよ。

設問別難易度：ア，イ，オ ウ，カ，(3) エ，キ

Point | **実験の問題，誤差** ≫ ウ，エ，カ，キ，(3)

電流計，電圧計には内部抵抗がある。そのため，これらを同時に使うと，抵抗の電流，電圧のどちらかが正確に測定できない。このような実験の問題では，しっかりと問題文を読み，自分が実験をしている立場で考えることを心がけよう。

解答 (1) ア．図3のような回路となる。抵抗と電圧計の合成抵抗を r_1 として

$$\frac{1}{r_1} = \frac{1}{R} + \frac{1}{r_V} \qquad \therefore \quad r_1 = \frac{R r_V}{R + r_V}$$

電源および電流計を流れる電流を I_1 とすると

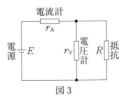

図3

$$I_1 = \frac{E}{r_1 + r_A} = \frac{(R + r_V)E}{Rr_V + r_A(R + r_V)}$$

これより，抵抗と電圧計にかかる電圧を V_1 とすると

$$V_1 = r_1 I_1 = \frac{Rr_V E}{Rr_V + r_A(R + r_V)}$$

イ．抵抗に流れる電流を I_R とすると

$$I_R = \frac{V_1}{R} = \frac{r_V E}{Rr_V + r_A(R + r_V)}$$

ウ．電流計を流れる電流は I_1，電圧計にかかる電圧は V_1 なので，これらから求めた抵抗値 R_1 は

$$R_1 = \frac{V_1}{I_1} = \frac{Rr_V}{R + r_V}$$

エ．　$\Delta R = R_1 - R = \frac{Rr_V}{R + r_V} - R = -\frac{R^2}{R + r_V}$

ゆえに，相対誤差は

$$\left| \frac{\Delta R}{R} \right| = \frac{R}{R + r_V} \quad \cdots ①$$

(2) オ．図4のような回路となる。抵抗と電流計に流れる電流を I_2 とすると

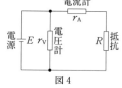

図4

$$I_2 = \frac{E}{R + r_A}$$

カ．電圧計にかかる電圧を V_2 とすると，$V_2 = E$ なので

$$R_2 = \frac{V_2}{I_2} = R + r_A$$

キ．R_2 と R の差を $\Delta R'$ とすると，$\Delta R' = R_2 - R = r_A$ より，相対誤差は

$$\left| \frac{\Delta R'}{R} \right| = \frac{r_A}{R} \quad \cdots ②$$

(3) 図1の場合：①式より

$$\frac{R}{R + r_V} \leqq \frac{1}{100} \qquad \therefore \quad r_V \geqq 99R$$

$R = 1.0\,\mathrm{k\Omega}$ を代入して

$$r_V \geqq 99\,\mathrm{k\Omega}$$

図2の場合：②式より

$$\frac{r_A}{R} \leqq \frac{1}{100} \qquad \therefore \quad r_A \leqq \frac{R}{100}$$

$R = 1.0\,\mathrm{k\Omega} = 1.0 \times 10^3\,\Omega$ を代入して

$$r_A \leqq 10\,\Omega$$

図1のようにコンデンサー C_A, C_B, ダイオード D_A, D_B, 直流電源 E_+, E_- およびスイッチ S を接続した回路がある。コンデンサーの電気容量はともに C, 直流電源の起電力はともに V_0 で内部抵抗は無視する。図1中の点 G を電位の基準とする。点 B_0 の電位は，S を E_+ 側に接続すると $+V_0$, E_- 側に接続すると $-V_0$ になる。

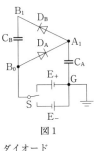

図1

ダイオードは図2のようなスイッチ S_D と抵抗値 R の抵抗がつながれた回路と等価であると考える。S_D は，P の電位が Q よりも高いか等しいときには閉じ，低いときには開くものとする。

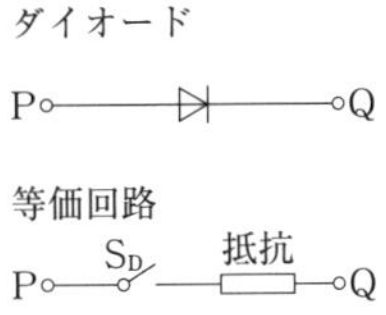

ダイオード

P○─▷─○Q

等価回路

P○─ S_D ─[抵抗]─○Q

図2

初めの状態では，スイッチはどちらの電源にも接続されておらず，コンデンサーには電荷は蓄えられていない。

まず，S を E_+ 側に接続した。

(1) 接続した直後の，B_0 を流れる電流の強さと，B_1 の電位を求めよ。

(2) 十分に時間が経過し，電荷の移動がなくなったときの，C_A, C_B に蓄えられた電荷をそれぞれ求めよ。

次に，S を E_- 側に切り替えて接続した。

(3) 接続した直後の，A_1, B_1 の電位をそれぞれ求めよ。また，B_1 を流れる電流の強さを求めよ。

(4) 十分に時間が経過し，電荷の移動がなくなったとき，C_A, C_B に蓄えられた電荷をそれぞれ求めよ。

S を E_+ 側に切り替えて接続し，十分に時間が経過してから，S を E_- 側に切り替えて接続した。十分に時間が経過したとき，電荷の移動がなくなった。

(5) C_A, C_B に蓄えられた電荷をそれぞれ求めよ。

S を E_+ 側，E_- 側に順に切り替えて接続し，そのたびに十分に時間が経過して，電荷の移動がなくなるまで待つことを繰り返した。やがて，S を切り替えても，D_A, D_B に電流は流れず，C_A, C_B の電荷が移動しなくなった。

(6) C_A, C_B に蓄えられた電荷をそれぞれ求めよ。

図3のように，$2N$ 個のコンデンサー，$2N$ 個のダイオード，および図1で用いた直流電源 E_+, E_-, スイッ

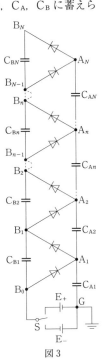

図3

チ S を接続した回路がある。全てのコンデンサーの電気容量は C で，全ての
ダイオードは図2で示す特性をもつ。初め，コンデンサーに電荷が存在しない
状態から，S を E_+ 側，E_- 側と順に十分多くの回数だけ繰り返し切り替える
と，それぞれのコンデンサーの電圧は一定値となった。このとき，S を E_+ 側
に接続すると A_n と B_{n-1} の電位が等しくなり，E_- 側に接続すると A_n と B_n
の電位が等しくなった。

(7) C_{Bn} に蓄えられる電荷を求めよ。

(8) S を E_+ 側に接続したとき，B_N の電位を求めよ。

設問別難易度：(1)〜(5) ⚙⚙⚙☐☐　(6)〜(8) ⚙⚙⚙⚙☐

Point ｜ **ダイオード，電位** 　≫　(1)〜(8)

　ダイオードは順方向にしか電流が流れない。電流が流れるかを判断するには，**ダイオードの両端の電位を考える**ことが大切である。本問では，G の電位は不変で，B_0 の電位はスイッチ操作により $+V_0$，$-V_0$ に変化するので，**各点の電位を，このように電位が明確な点から考える**とよい。また，**コンデンサーの極板間の電圧（電位差）は電荷に比例する**ので，**電荷が変化しなければ変化しない**。このことも考慮して各点の電位を考えて，ダイオードの動作を考えればよい。

解答　(1)　S を E_+ 側に接続した直後，C_A，C_B の電荷は 0 なので極板間の電圧はともに 0 で，**A_1 の電位は 0，B_0 と B_1 の電位は V_0 である。ゆえに，D_A にのみ電流が流れる**。D_A の電位差は V_0 なので，B_0 を流れる電流を I_A とすると

$$I_A = \frac{V_0}{R}$$

(2)　C_A に蓄えられる電荷が増えて，A_1 の電位が V_0 となり B_0 と等しくなると，D_A に電流が流れなくなる。この間，A_1 より B_1 の電位が高いので，D_B には電流が流れず C_B は充電されない。ゆえに，C_A，C_B に蓄えられる電荷をそれぞれ Q_A，Q_B とすると

$$Q_A = CV_0 \quad, \quad Q_B = 0$$

(3)　スイッチを切り替えたとき，図4のように C_B の極板間の電圧は 0 なので，B_1 の電位は $-V_0$，また C_A の極板間の電圧は V_0 なので，A_1 の電位は V_0 である。

$$A_1 : V_0 \quad, \quad B_1 : -V_0$$

各点の電位を考えると，D_A には電流が流れず，D_B には電流が流れる。D_B の両端の電位差が $V_0 - (-V_0)$

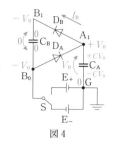

図4

$=2V_0$ なので，B_1 を流れる電流を I_B とすると

$$I_B = \frac{2V_0}{R}$$

(4) D_A **には電流は流れず，A_1 と B_1 の電位が等しくなるまで D_B に電流が流れ**，C_A，C_B 間で電荷が移動し，A_1 と B_1 の電位が等しくなると D_B を流れる電流は 0 になる。図 5 のように，十分に時間が経過した後の C_A の極板間の電圧を V_1 とすると，C_B の極板間の電圧は $V_1-(-V_0)=V_1+V_0$ である。電気量保存則より

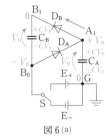

図 5

$$CV_0+0=CV_1+C(V_1+V_0) \qquad \therefore \quad V_1=0$$

ゆえに，C_A，C_B に蓄えられる電荷をそれぞれ $Q_A{}'$，$Q_B{}'$ とすると

$$Q_A{}'=CV_1=0 \quad , \quad Q_B{}'=C(V_1+V_0)=CV_0$$

(5) S を E_+ 側に接続した直後，C_A の電荷は 0 なので **A_1 の電位は 0，B_1 の電位は $2V_0$ となり，D_A には電流が流れ，D_B には流れない**。その後，**A_1 の電位が V_0 となるまで C_A が充電され**，C_A の電荷は CV_0 となる。次に S を E_- 側に接続した直後，図 6 (a) のように，A_1 の電位は V_0，B_1 の電位は $-V_0+V_0=0$ となり，D_B には電流が流れ，D_A には流れない。**A_1 と B_1 の電位が等しくなるまで，C_B が充電**される。

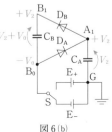

図 6 (a)

このとき，図 6 (b) のように C_A の極板間の電圧を V_2 とすると，C_B の極板間の電圧は $V_2-(-V_0)$ $=V_2+V_0$ である。電気量保存則より

$$CV_0+CV_0=CV_2+C(V_2+V_0)$$

$$\therefore \quad V_2=\frac{V_0}{2}$$

図 6 (b)

C_A，C_B に蓄えられる電荷をそれぞれ $Q_A{}''$，$Q_B{}''$ とすると

$$Q_A{}''=CV_2=\frac{CV_0}{2}$$

$$Q_B{}''=C(V_2+V_0)=\frac{3CV_0}{2}$$

(6) (1)～(5)からわかるように，S を E_+ 側に接続すると，D_A に電流が流れ A_1 の電位が V_0 になるまで C_A が充電される。次に，E_- 側に接続すると，D_B

に電流が流れ，A_1 の電位は下がり，**B_1 と A_1 の電位が等しくなるまで C_B が充電される**。したがって，E_- 側に接続して十分に時間が経過したとき，A_1 の電位が V_0 となれば，E_+ 側に接続しても電流は流れず，電荷は移動しなくなる。ゆえに，C_A の電圧は V_0 である。C_B の電圧を V_B とすると，**E_- 側に接続したときに A_1 と B_1 の電位が等しいので**

$$V_B = V_0 - (-V_0) = 2V_0$$

これより，C_A，C_B に蓄えられる電荷を $Q_{A\infty}$，$Q_{B\infty}$ とすると

$$Q_{A\infty} = CV_0 \quad , \quad Q_{B\infty} = CV_B = 2CV_0$$

(7) Sの切り替えによって $C_{A1} \sim C_{AN}$ の電荷が変化しないので，**極板間の電圧は変化せず，$A_1 \sim A_N$ の電位も変化しない**。$C_{B1} \sim C_{BN}$ の電圧も同様に変化しないが，**B_0 の電位が S を E_+ 側に接続したとき $+V_0$，E_- 側に接続したとき $-V_0$ となるので，$B_1 \sim B_N$ の電位は，S を E_- 側に接続したときの方が $-2V_0$ だけ低くなる**。S を E_+ 側に接続したときの A_n，B_{n-1}，B_n の電位をそれぞれ V_{An}，V_{Bn-1}，V_{Bn} とする。問題文より，S を E_+ 側に接続したとき，A_n と B_{n-1} の電位が等しいので

$$V_{An} = V_{Bn-1}$$

S を E_- 側に接続したとき，B_n の電位は $V_{Bn} - 2V_0$ で，これが A_n の電位と等しいので

$$V_{An} = V_{Bn} - 2V_0$$

この 2 式より

$$V_{Bn} - V_{Bn-1} = 2V_0$$

つまり，C_{Bn} の極板間の電圧は $2V_0$ である。ゆえに，C_{Bn} に蓄えられる電荷を Q_{Bn} とすると

$$Q_{Bn} = 2CV_0$$

(8) $C_{B1} \sim C_{BN}$ の極板間の電圧が全て $2V_0$ で，S を E_+ 側に接続したとき，B_0 の電位が V_0 なので，B_N の電位を V_{BN} とすると

$$V_{BN} = V_0 + N \times 2V_0 = (2N+1)V_0$$

問題37 難易度：⬚⬚⬚⬚⬚

重要

以下の空欄のア〜キに入る適切な式を答えよ。また問1に答えよ。なお，◻︎◻︎◻︎ は，すでに ◻︎◻︎◻︎ で与えられたものと同じものを示す。

起電力 E で内部抵抗の無視できる電池，抵抗値 R の抵抗，電気容量 C のコンデンサー，スイッチを図1のように接続した。初めスイッチは開いており，コンデンサーに電荷は蓄えられていない。

図1

スイッチを閉じた直後，抵抗に流れる電流は ◻︎ ア ◻︎ である。ただし，図中の矢印の向きを電流の正の向きとする。十分に時間が経過したとき，コンデンサーに蓄えられる電荷を Q_0 とすると

$$Q_0 = \boxed{\quad イ \quad}$$

となる。

スイッチを入れた瞬間を時刻 $t=0$ とし，時刻 t のとき，コンデンサーに蓄えられた電荷を Q とする。ただし，図中のコンデンサーの極板 a に正電荷が蓄えられたとき Q を正とする。このとき，抵抗に流れる電流 I は，E，R，C，Q を用いて

$$I = \boxed{\quad ウ \quad} \quad \cdots ①$$

となる。

問1．スイッチを閉じてから十分に時間が経過するまでの間の，コンデンサーに蓄えられる電荷 Q を，横軸に時間 t をとってグラフに描きなさい。

時刻 t から十分に短い時間 Δt で，コンデンサーの電荷が ΔQ だけ変化した。このとき電流 I は，ΔQ，Δt を用いて，$I = \boxed{\ \ エ\ \ }$ となる。ここで，$q = Q_0 - Q$ と定義される量 q を考える。Q_0 が定数であることを考えると，$\Delta q = -\Delta Q$ となる。これらを用いて①式を書き換えると，A を定数として

$$\frac{\Delta q}{\Delta t} = -Aq \quad \cdots ②$$

と表すことができる。ここで，A を R，C で表すと $A = \boxed{\ \ オ\ \ }$ である。

時刻 t の関数として $x(t)$ があるとする。十分に短い時間 Δt での変化率 $\dfrac{\Delta x}{\Delta t}$ が $x(t)$ に比例し，係数 α $(\alpha > 0)$ を用いて $\dfrac{\Delta x}{\Delta t} = -\alpha x$ と表せるとき，$x(t) = x(0)e^{-\alpha t}$ と書けることが知られている。ただし，e は自然対数の底である。ゆえに，②式と $\boxed{\ \ オ\ \ }$ の結果より，時刻 t での Q を，E，R，C，t および e を用いて表すと

$$Q = \boxed{\quad カ \quad}$$

となる。また，時刻 t での電流 I を，E，R，C，t および e を用いて表すと

$$I=\boxed{\ \ \text{キ}\ \ }$$

となる。

：設問別難易度：ア，イ ☺☺◌◌◌　　ウ，エ，問 1 ☺☺☺◌◌
　　　　　　　　　　　　オ，キ ☺☺☺☺◌　　カ ☺☺☺☺☺

Point　微分方程式 ≫ オ，カ

時間 t の関数 $x(t)$ が，A（$A>0$）を定数として

$$\frac{\Delta x}{\Delta t}=-Ax$$

を満たすとき

$$x=x(0)e^{-At}$$

となる。コンデンサーの充電時の電荷だけでなく，速度に比例する空気抵抗を受ける物体の速度，原子核崩壊の崩壊数など，様々な物理現象がこの式で表される。これは，高校物理の範囲を超えているのだが，本問のように誘導形式とすることで，京都大学など難関大で出題されることがあるので慣れておこう。

解答　ア．コンデンサーに電荷はなく，**極板間の電圧が 0 である**ので，抵抗の両端の電圧は E である。ゆえに，このときの電流を I_0 とすると

$$I_0=\frac{E}{R}$$

イ．十分に時間が経ち，コンデンサーの極板間の電圧が E になるまで電荷が蓄えられると，**抵抗の両端の電圧が 0 となって電流が 0 となり，充電が終了する**。ゆえにコンデンサーに蓄えられた電荷 Q_0 は

$$Q_0=CE$$

ウ．コンデンサーの極板間の電圧は $\dfrac{Q}{C}$ なので，キルヒホッフの第 2 法則より

$$E=RI+\frac{Q}{C}\quad \therefore\quad I=\frac{1}{R}\left(E-\frac{Q}{C}\right)\quad \cdots ①$$

問 1．時刻 $t=0$ で $Q=0$ であり，十分に時間が経過した後，$Q=Q_0=CE$ で一定値となる。また，①式より電流 I は Q が大きくなるにつれて小さくなることがわかる。$I=\dfrac{\Delta Q}{\Delta t}$ より，I はこのグラフの傾きなので，グラフの傾きは徐々に小さくなり，やがて傾き 0 となる。これらよりグラフを描くと図 2 のようになる。

図 2

エ．抵抗を，時間 Δt で電荷 ΔQ が通過するので，電流 I は

$$I = \frac{\Delta Q}{\Delta t}$$

オ．エの結果を①式に代入すると

$$\frac{\Delta Q}{\Delta t} = \frac{1}{R}\left(E - \frac{Q}{C}\right)$$

この式に，問題に与えられた式を変形した $Q = Q_0 - q$，および $\Delta Q = -\Delta q$ を代入し，さらにイの結果を代入して整理すると

$$-\frac{\Delta q}{\Delta t} = \frac{1}{R}\left(E - \frac{Q_0 - q}{C}\right) = \frac{q}{RC} \qquad \therefore \quad \frac{\Delta q}{\Delta t} = -\frac{q}{RC}$$

これより定数 A は

$$A = \frac{1}{RC}$$

カ．時刻 $t = 0$ で $Q = 0$ より，$q(0) = Q_0 - 0 = CE$ である。問題に与えられた式より

$$q(t) = q(0)e^{-At} = CEe^{-\frac{t}{RC}}$$

ゆえに，時刻 t での Q は

$$Q = Q_0 - q(t) = CE\left(1 - e^{-\frac{t}{RC}}\right) \quad \cdots ③$$

キ．①式に，③式の Q を代入して

$$I = \frac{1}{R}\left\{E - \frac{1}{C} \times CE\left(1 - e^{-\frac{t}{RC}}\right)\right\} = \frac{E}{R}e^{-\frac{t}{RC}}$$

参考 $I = \frac{\Delta Q}{\Delta t}$ なので，③式を t で微分しても求めることができる。

$$I = \frac{dQ}{dt} = \frac{E}{R}e^{-\frac{t}{RC}}$$

電流と磁場

問題38 難易度：🙂🙂🙂⬚⬚

真空中で，図1のように x, y, z 軸をとる。xy 平面の点 $A(a, 0)$, $B(-a, 0)$ を通り，xy 平面に垂直な2本の十分に長い導線1，2がある。図1の向きにそれぞれ強さ I, $2I$ の電流が流れている。真空の透磁率を μ_0 とする。

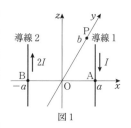

図1

(1) 原点 O での磁場の強さと向きを求めよ。

O を通り，xy 平面に垂直な導線3を置き，z 軸正の向きに強さ i の電流を流した。

(2) 導線3の長さ l あたりに，磁場からはたらく力の大きさと向きを求めよ。

次に，導線3を取り除いた。

(3) xy 平面上の点 $P(0, b)$ の位置に，導線1を流れる電流がつくる磁場の強さを求めよ。また，この磁場の x, y 成分を求めよ。

(4) P にできる磁場の x, y 成分を求めよ。

(5) P にできる磁場の強さを求めよ。

P を通り，xy 平面に垂直な導線4を置き，z 軸負の向きに強さ i の電流を流した。

(6) 導線4の長さ l あたりに，磁場からはたらく力の x, y 成分をそれぞれ求めよ。

⟩ 設問別難易度：(1),(2) 🙂🙂⬚⬚⬚ (3)〜(5) 🙂🙂🙂⬚⬚ (6) 😖😖😖😖⬚

Point 1 ｜ 三次元の状態を把握する ≫ (1)〜(6)

「電流と磁場」の分野では，様々な物理量が三次元方向に分かれていることが多いため，三次元の状態を把握し，整理することが大切になる。考えやすいようにある方向から見た二次元の図に描き直すなど，物理量の向きを丁寧に把握しよう。

Point 2 ｜ 磁場から電流にはたらく力の成分を考える ≫ (6)

磁場も電流も座標軸に平行ではないような場合の磁場中の電流にはたらく力の成分を考えるには，力の向きを考えて大きさを求めてから成分に分けるか，または「磁場

のある座標軸方向の成分と，それと直交する座標軸の電流の成分にはたらく力」をフレミングの左手の法則から考えてもよい。(6)では，「磁場の x 成分と電流の z 成分，磁場の y 成分と電流の z 成分」で，はたらく力の成分をそれぞれ考えてもよい。

解答 (1) 導線1，2を流れる電流がOにつくるそれぞれの磁場の強さを H_{01}，H_{02} とすると

$$H_{01}=\frac{I}{2\pi a} \quad , \quad H_{02}=\frac{2I}{2\pi a}$$

向きは右ねじの法則より，ともに y 軸正の向きである。ゆえにOでの磁場の強さを H_0 とすると，重ね合わせの原理より

$$H_0=H_{01}+H_{02}=\frac{3I}{2\pi a} \qquad \text{向き：} y \text{軸正の向き}$$

(2) Oでの磁束密度の大きさを B_0 とすると，$B_0=\mu_0 H_0$ である。導線3の長さ l あたりにはたらく力の大きさ F_0 は

$$F_0=iB_0 l=\frac{3\mu_0 iIl}{2\pi a}$$

力の向きは，フレミングの左手の法則より　　x 軸負の向き

(3) z **軸正方向から見ると，図2のようになる。**ただ
し，導線1に流れる電流が，Pにつくる磁場を $\overrightarrow{H_{P1}}$
とする。磁場の強さ H_{P1} は，$AP=\sqrt{a^2+b^2}$ より

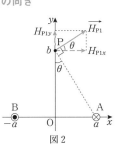

$$H_{P1}=\frac{I}{2\pi\sqrt{a^2+b^2}}$$

図2で，$\angle APO=\theta$ とすると

$$\sin\theta=\frac{a}{\sqrt{a^2+b^2}} \quad , \quad \cos\theta=\frac{b}{\sqrt{a^2+b^2}}$$

磁場の x 成分，y 成分をそれぞれ H_{P1x}，H_{P1y} とすると

$$H_{P1x}=H_{P1}\cos\theta=\frac{I}{2\pi\sqrt{a^2+b^2}}\times\frac{b}{\sqrt{a^2+b^2}}=\frac{bI}{2\pi(a^2+b^2)}$$

$$H_{P1y}=H_{P1}\sin\theta=\frac{I}{2\pi\sqrt{a^2+b^2}}\times\frac{a}{\sqrt{a^2+b^2}}=\frac{aI}{2\pi(a^2+b^2)}$$

(4) 同様に，導線2に流れる電流がPにつくる磁場の x 成分，y 成分をそれぞれ H_{P2x}，H_{P2y} とすると

$$H_{P2x}=-\frac{2I}{2\pi\sqrt{a^2+b^2}}\times\frac{b}{\sqrt{a^2+b^2}}=-\frac{bI}{\pi(a^2+b^2)}$$

$$H_{P2y}=\frac{2I}{2\pi\sqrt{a^2+b^2}}\times\frac{a}{\sqrt{a^2+b^2}}=\frac{aI}{\pi(a^2+b^2)}$$

P での磁場の x 成分，y 成分をそれぞれ $H_{\mathrm{P}x}$，$H_{\mathrm{P}y}$ として，重ね合わせの原理より

$$H_{\mathrm{P}x}=H_{\mathrm{P}1x}+H_{\mathrm{P}2x}=\frac{bI}{2\pi(a^2+b^2)}-\frac{bI}{\pi(a^2+b^2)}=-\frac{bI}{2\pi(a^2+b^2)}$$

$$H_{\mathrm{P}y}=H_{\mathrm{P}1y}+H_{\mathrm{P}2y}=\frac{aI}{2\pi(a^2+b^2)}+\frac{aI}{\pi(a^2+b^2)}=\frac{3aI}{2\pi(a^2+b^2)}$$

(5) P の磁場の強さを H_{P} とすると

$$H_{\mathrm{P}}=\sqrt{{H_{\mathrm{P}x}}^2+{H_{\mathrm{P}y}}^2}=\frac{I\sqrt{9a^2+b^2}}{2\pi(a^2+b^2)}$$

(6) P での磁束密度の大きさを B_{P} とすると，$B_{\mathrm{P}}=\mu_0 H_{\mathrm{P}}$ である。導線 4 の長さ l あたりにはたらく力の大きさを F_{P} とすると

$$F_{\mathrm{P}}=iB_{\mathrm{P}}l=\frac{\mu_0 iIl\sqrt{9a^2+b^2}}{2\pi(a^2+b^2)}$$

となり，力の向きはフレミングの左手の法則より図 3 のようになる。P の磁場が y 軸となす角を α とすると

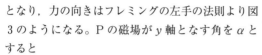

図 3

$$\sin\alpha=\frac{|H_{\mathrm{P}x}|}{H_{\mathrm{P}}}=\frac{b}{\sqrt{9a^2+b^2}}$$

$$\cos\alpha=\frac{H_{\mathrm{P}y}}{H_{\mathrm{P}}}=\frac{3a}{\sqrt{9a^2+b^2}}$$

これより，力の x 成分を $F_{\mathrm{P}x}$，y 成分を $F_{\mathrm{P}y}$ とすると

$$F_{\mathrm{P}x}=F_{\mathrm{P}}\cos\alpha=\frac{3\mu_0 aiIl}{2\pi(a^2+b^2)}\quad,\quad F_{\mathrm{P}y}=F_{\mathrm{P}}\sin\alpha=\frac{\mu_0 biIl}{2\pi(a^2+b^2)}$$

別解 **磁場の x，y 成分ごとに，電流にはたらく力を考える。** フレミングの左手の法則より，電流に磁場の x 成分 $H_{\mathrm{P}x}$（<0）からはたらく力は y 軸正の向きで $F_{\mathrm{P}y}$ となり，磁場の y 成分 $H_{\mathrm{P}y}$ からはたらく力は x 軸正の向きで $F_{\mathrm{P}x}$ となる。これより

$$F_{\mathrm{P}x}=\mu_0 iH_{\mathrm{P}y}l=\mu_0 i\times\frac{3aI}{2\pi(a^2+b^2)}\times l=\frac{3\mu_0 aiIl}{2\pi(a^2+b^2)}$$

$$F_{\mathrm{P}y}=\mu_0 i|H_{\mathrm{P}x}|l=\mu_0 i\times\frac{bI}{2\pi(a^2+b^2)}\times l=\frac{\mu_0 biIl}{2\pi(a^2+b^2)}$$

問題39 難易度：🙂🙂🙂⚪⚪

図1のように，間隔 d で平行に置かれた2枚の金属板 P_1，P_2 があり，P_1 には間隔 l で2つのスリット S_1，S_2 がある。図1の平面内で S_1 から質量 m，電気量 q（$q>0$）の陽イオンを P_1 に対して $30°$ で入射させる。陽イ

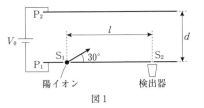

図1

オンが S_2 に到達すると検出器で検出することができる。陽イオンは常に一定の運動エネルギー K で入射され，重力の影響は無視できるものとする。

初め，図1のように，P_1，P_2 間に電源をつないで電圧を調整すると，電圧が V_0 のとき，陽イオンが検出された。P_1，P_2 間には一様な電場ができているものとする。

(1) P_1P_2 間に生じる電場の強さと向きを求めよ。

(2) 陽イオンが S_1 から S_2 に到達するまでの間，陽イオンと P_1 との距離が最大となるときの運動エネルギーを K を用いて表せ。また，このときの陽イオンの P_1 からの距離を q, d, V_0, K で表せ。

(3) 陽イオンが S_2 に到達することから，K を q, d, V_0, l で表せ。

次に電源を外し，P_1P_2 間に紙面に垂直で一様な磁場を与えた。磁場の強さを調整し磁束密度を B_0 とすると，陽イオンが検出された。

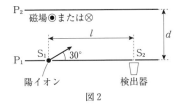

図2

(4) 磁場の向きは，紙面に垂直に"裏から表向き"か"表から裏向き"のいずれか。

(5) 陽イオンが S_1 から S_2 に到達するまでの間，陽イオンと P_1 との距離が最大となるときの運動エネルギーを，K を用いて表せ。

(6) 陽イオンが S_2 に到達することから，K を m, q, B_0, l で表せ。

❯ 設問別難易度：(1), (4) 🙂⚪⚪⚪⚪　(2), (3), (6) 🙂🙂🙂⚪⚪　(5) 🙂🙂⚪⚪⚪

Point **放物運動，円運動** ≫ (2), (3), (5), (6)

物体に大きさと向きが変わらない力がはたらくとき，初速度が力の方向と違えば物体は放物運動をする。重力による運動や，一様な電場中の荷電粒子の運動がこれに相当する。一方，大きさが変わらず常に物体の速度と直交する方向の力がはたらくとき，物体は円運動をする。一様な磁場中の荷電粒子の運動がこれに相当する。

解答 (1) 電場の向きは，電位の高い P_2 から P_1 向きで，電場の強さを E として

$$強さ：E=\frac{V_0}{d} \qquad 向き：P_2 から P_1$$

(2) 図 3 のように，金属板に平行に x 軸，垂直に y 軸をとる。陽イオンには常に y 軸負の向きに電場からの大きさ qE の静電気力（クーロン力）がはたらく。そのため，**陽イオンは放物運動をする。** S_1 を通過し

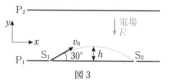

図 3

たときの陽イオンの速さを v_0 とすると，このときの速度の x, y 成分は

$$x 成分：v_0\cos30°=\frac{\sqrt{3}}{2}v_0 \quad , \quad y 成分：v_0\sin30°=\frac{v_0}{2}$$

である。P_1 から最も離れるのは放物運動の頂点で，このとき速度の y 成分は 0 となるので，運動エネルギーは

$$\frac{1}{2}m\left(\frac{\sqrt{3}}{2}v_0\right)^2=\frac{3}{4}\times\frac{1}{2}mv_0{}^2=\frac{3}{4}K$$

陽イオンの y 方向の加速度を a とする。y 方向の運動方程式より

$$ma=-qE \qquad \therefore \quad a=-\frac{qE}{m}=-\frac{qV_0}{md}$$

y 方向には等加速度運動をするので，P_1 から頂点までの距離を h として

$$0-\left(\frac{v_0}{2}\right)^2=2ah$$

$$\therefore \quad h=-\frac{v_0{}^2}{8a}=\frac{mv_0{}^2 d}{8qV_0}=\frac{d}{4qV_0}\times\frac{1}{2}mv_0{}^2=\frac{Kd}{4qV_0}$$

別解 S_1 から頂点まで運動する間に，電場が陽イオンにした仕事を W とすると

$$W=-qEh=-\frac{qV_0 h}{d}$$

これが，陽イオンの運動エネルギーの変化となるので

$$\frac{3}{4}K-K=W=-\frac{qV_0 h}{d} \qquad \therefore \quad h=\frac{Kd}{4qV_0}$$

(3) S_1 から S_2 までにかかる時間を t_1 とすると

$$\frac{v_0}{2}+at_1=-\frac{v_0}{2} \qquad \therefore \quad t_1=-\frac{v_0}{a}=\frac{mv_0 d}{qV_0}$$

この間，x 方向に等速で距離 l だけ進むので

$$l=\frac{\sqrt{3}v_0}{2}t_1=\frac{\sqrt{3}v_0}{2}\times\frac{mv_0 d}{qV_0}=\frac{1}{2}mv_0{}^2\times\frac{\sqrt{3}d}{qV_0}=\frac{\sqrt{3}Kd}{qV_0}$$

$$\therefore \quad K = \frac{qV_0 l}{\sqrt{3}\,d}$$

(4) 図 4 のように，陽イオンは磁場からの **ローレンツ力により O を中心とする円運動**をする。図 4 の向きにローレンツ力がはたらくためには，フレミングの左手の法則より，磁場の向きは紙面に垂直に裏から表向きである。

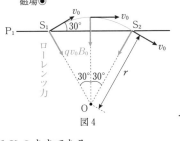

図 4

(5) **ローレンツ力は**陽イオンの速度に直交する方向にはたらくので，**仕事をしない。** ゆえに，運動エネルギーは変化しないので K のままである。

(6) 陽イオンの速さを v_0 とすると，ローレンツ力の大きさは qv_0B_0 なので，円の半径を r として円運動の運動方程式より

$$\frac{mv_0{}^2}{r} = qv_0B_0 \quad \therefore \quad r = \frac{mv_0}{qB_0}$$

陽イオンが S_2 に到達するので

$$l = 2r\sin30° = \frac{mv_0}{qB_0} \quad \therefore \quad v_0 = \frac{qB_0 l}{m}$$

これより K は

$$K = \frac{1}{2}mv_0{}^2 = \frac{(qB_0 l)^2}{2m}$$

問題40 難易度：🖢🖢🖢🖢🖢

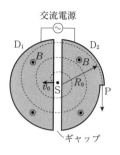

交流電源

右図は荷電粒子（イオン）を加速するサイクロトロンと呼ばれる装置を上から見たものである。半円型の金属容器 D_1, D_2 が真空中に置かれ，D_1, D_2 には磁束密度 B で紙面に垂直に裏から表向きの磁場が存在する。D_1 と D_2 の間にはごく小さな隙間（ギャップ）があり，ギャップ部分には磁場はないものとする。また D_1, D_2 は交流電源に接続されている。ギャップに置かれたイオン発生装置 S から質量 m，電荷 q のイオンを発生させ，速さ v_0 で D_1 に，ギャップとの境界に対して垂直に入射させる。重力の影響は無視できるものとする。

(1) イオンは図のように上から見て時計回りの円軌道を描いた。このことより，イオンの電荷が正か負か答えよ。

(2) 円軌道の半径を求めよ。

イオンは D_1 中で円軌道を半周した後ギャップに戻り，ギャップで加速されて D_2 に入射する。このときギャップ間の電位差が V であったとする。

(3) イオンが円軌道を半周する時間を求めよ。

(4) D_2 に入射したときのイオンの運動エネルギーを求めよ。

イオンはこの運動を繰り返し，ギャップを通過するたびに加速され最終的に半径 R_0 の円軌道を描いた後，図の P から外へ取り出される。

(5) P から出たときのイオンの運動エネルギーを求めよ。

(6) 最も効率よく加速するためには，イオンがギャップに到達するたびにギャップの電圧が最大である必要がある。そのためには交流電源の周波数はいくらであればよいか求めよ。ただし，整数 n を用いてよい。

⋛設問別難易度：(1) 🖢🖢🖢🖢🖢　　(2)〜(4) 🙂🖢🖢🖢🖢
　　　　　　　　(5) 🖢🖢🖢🖢🖢　(6) 🙂🖢🖢🖢🖢

Point ｜ **加速器** ≫ (1)〜(6)

　荷電粒子を電場や磁場により高速に加速する装置を一般に**加速器**という。サイクロトロンは，磁場からのローレンツ力により円運動をさせることで，一組の電極による電場で繰り返し荷電粒子を加速している。

解答　(1)　ローレンツ力は円の中心向きにはたらいている。フレミングの左手の法則より，このイオンの電荷は　　　正

(2) ローレンツ力の大きさは qv_0B である。円運動の半径を r として，運動方程式より

$$\frac{mv_0{}^2}{r} = qv_0B \qquad \therefore \quad r = \frac{mv_0}{qB} \quad \cdots ①$$

(3) D_1 内を半周する時間を t_0 とすると，速さ v_0 で半径 r の円を半周する時間なので，①式も用いて

$$t_0 = \frac{\pi r}{v_0} = \frac{\pi m}{qB} \quad \cdots ②$$

(この時間 t_0 は，イオンの速度によらない。速さが変化して半径が変化しても，また D_2 内でも，同じ値になる。)

(4) ギャップで**イオンが得るエネルギーは** qV であるので，D_2 に入射したときの運動エネルギーを K_1 とすると

$$K_1 = \frac{1}{2}mv_0{}^2 + qV$$

(5) P から出るときの円運動の半径は R_0 であるので，そのときのイオンの速さを v とすると，①式を利用して

$$R_0 = \frac{mv}{qB} \qquad \therefore \quad v = \frac{qBR_0}{m}$$

ゆえに，P から出るときの運動エネルギーを K とすると

$$K = \frac{1}{2}mv^2 = \frac{q^2B^2R_0{}^2}{2m}$$

(6) イオンを加速するために，イオンがギャップを D_1 から D_2 に通過するときは D_2 が高電位で最大電圧，逆のときは D_1 が高電位で最大電圧になっていればよい。つまり，ギャップにかかる電圧の正負が時間 t_0 ごとに逆になればよい。交流電源の周期を T とすると，ある時刻から電圧の正負が逆になるまでの時間は

$$\frac{T}{2}, \ \frac{3T}{2}, \ \frac{5T}{2}, \ \cdots = \frac{T}{2}(2n+1)$$

である。このいずれかの時間間隔でイオンがギャップに到達すればよいので，②式より

$$t_0 = \frac{T}{2}(2n+1) \qquad \therefore \quad T = \frac{2t_0}{2n+1} = \frac{2\pi m}{(2n+1)qB}$$

交流電源の周波数を f とすると

$$f = \frac{1}{T} = \frac{(2n+1)qB}{2\pi m}$$

　図1のように，真空中に原点を O として x, y, z 軸を
とる。質量 m，電気量 $-e$ $(e>0)$ の電子を O から x 軸
に平行に速さ v_0 で入射させる。電子が O を通過する瞬間
を時刻 $t=0$ とする。また，重力の影響は考えないものと
する。

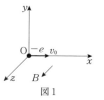

図1

A. 図1のように z 軸正の向きに磁束密度 B の一様な磁
　場がかけられている場合を考える。

(1)　電子は xy 面内で等速円運動をする。円運動の半径，中心の x, y 座標，
　　周期を求めよ。

(2)　ある位置での電子の速度と加速度の x, y 成分をそれぞれ v_x, v_y と a_x,
　　a_y とし，電子の運動方程式を x, y 方向に分けて考える。以下の空欄のア，
　　イに入る適当な式を，それぞれ答えよ。

$$x \text{方向}：ma_x=\boxed{\quad ア \quad} \quad \cdots ①$$
$$y \text{方向}：ma_y=\boxed{\quad イ \quad} \quad \cdots ②$$

(3)　時刻 t における，電子の x, y 座標をそれぞれ求めよ。

B. 図2のように，磁場に加えて，y 軸正の向きに強さ E
　の一様な電場がかけられている場合を考える。

(4)　電場の強さをある値 E_0 とすると，電子は x 軸に沿
　　って等速直線運動をした。E_0 を求めよ。

図2

C. 図2の状態で $E \neq E_0$ の状態について考える。

(5)　(2)と同様に，電子の運動方程式を x, y 方向に分け
　　て考える。以下の空欄のウ，エに入る適当な式を，それぞれ e, B, E,
　　v_x, v_y を用いて答えよ。

$$x \text{方向}：ma_x=\boxed{\quad ウ \quad} \quad \cdots ③$$
$$y \text{方向}：ma_y=\boxed{\quad エ \quad} \quad \cdots ④$$

　電子の運動を，x 軸正の向きに一定の速さ V で動く観測者 S から見た場
合について考える。

(6)　S から見た電子の速度の x 成分 $v_x{}'$，y 成分 $v_y{}'$ を，v_x, v_y, V を用いて
　　それぞれ表せ。

　S から見た電子の加速度の x, y 成分をそれぞれ $a_x{}'$, $a_y{}'$ とする。S は等
速直線運動をするので

$$a_x{}'=a_x, \quad a_y{}'=a_y$$

が成り立つ。これらを③，④式に代入して，S から見た運動方程式を考える。

V がある特定の値 V_0 のとき，S から見た電子の運動方程式が，①，②式と同じ形になり，S から見て電子は等速円運動をすることがわかる。

(7) V_0 を求めよ。

$V=V_0$ で，時刻 $t=0$ での電子の速さ $v_0=3V_0$ である場合について考える。

(8) 時刻 t での電子の x，y 座標を，V_0，m，e，B，t を用いて表せ。

設問別難易度：(1), (4) 🙂🙂⬜⬜⬜　(2), (3), (5), (6) 🙂🙂🙂⬜⬜
(7) 🙂🙂🙂🙂⬜　(8) 😈😈😈😈😈

Point 1　ローレンツ力の成分を考える ≫ (2), (5)

　本問では円運動の運動方程式を，x，y 方向に分けて考えているため，ローレンツ力を x，y 成分に分ける必要がある。電流にはたらく力と同様に，ローレンツ力の大きさと向きを考えてから分解してもよいが，荷電粒子の速度の x 成分でローレンツ力の y 成分を，速度の y 成分でローレンツ力の x 成分をそれぞれ考えてもよい。

Point 2　運動方程式が同じなら同じ運動 ≫ (7), (8)

　荷電粒子に磁場からの力だけでなく電場からの力まで加わると，力が複雑になり運動を考えるのが困難になる。しかし，本問で誘導されているように，等速で運動する観測者から見た相対速度，相対加速度を用いて運動方程式を立てると，ローレンツ力のみがはたらく場合の円運動の運動方程式と同じになる。運動方程式が同じなのでこの観測者から見ると荷電粒子は円運動をする。

解答　(1)　電子には磁場から大きさ ev_0B のローレンツ力がはたらく。O を通過するときローレンツ力の向きは**電子が負電荷であることも考えて**，図3の向きである。電子の円運動の半径を r とすると，円運動の運動方程式より

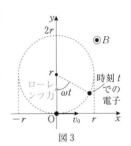

図 3

$$\frac{mv_0{}^2}{r}=ev_0B \quad \therefore \quad r=\frac{mv_0}{eB}$$

中心の座標は，図3より

$$(0,\ r)=\left(0,\ \frac{mv_0}{eB}\right)$$

周期 T は　　$T=\dfrac{2\pi r}{v_0}=\dfrac{2\pi m}{eB}$

(2)　図4のように，電子には大きさ ev_0B（$=f$ とする）のローレンツ力がはたらく。このとき，電子の

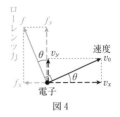

図 4

速度の向きと x 軸のなす角を θ とする。ローレンツ力の x 成分を f_x, y 成分を f_y とすると

$$f_x = -f\sin\theta = -f \cdot \frac{v_y}{v_0} = -ev_yB$$

$$f_y = f\cos\theta = f \cdot \frac{v_x}{v_0} = ev_xB$$

である。ゆえに、運動方程式を x, y 方向に分けて考えると

$$ma_x = -ev_yB \quad (\rightarrow \text{ア}) \quad \cdots① \quad , \quad ma_y = ev_xB \quad (\rightarrow \text{イ}) \quad \cdots②$$

(参考) ローレンツ力の x, y 成分を、電子の運動に直交する速度成分で考えてもよい。つまり、**電子の速度成分 v_x にフレミングの左手の法則を適用して f_y を、同様に v_y に適用して f_x を求める**ことができる。

(3) 円運動の角速度を ω とすると

$$\omega = \frac{v_0}{r} = \frac{eB}{m}$$

図 3 で、時刻 t での回転角は ωt であるので、x, y 座標はそれぞれ

$$x = r\sin\omega t = \frac{mv_0}{eB}\sin\frac{eB}{m}t$$

$$y = r(1-\cos\omega t) = \frac{mv_0}{eB}\left(1-\cos\frac{eB}{m}t\right)$$

(4) 電子には、y 軸正の向きのローレンツ力に加えて、大きさ eE で、y 軸負の向きの静電気力がはたらく。**これらの y 軸方向の力がつり合っていると、電子は x 軸に沿って等速直線運動をする**ので

$$ev_0B - eE_0 = 0 \quad \therefore \quad E_0 = v_0B$$

(5) 電子には(2)のローレンツ力に加えて静電気力がはたらくので

$$ma_x = -ev_yB \quad (\rightarrow \text{ウ}) \quad \cdots③$$

$$ma_y = ev_xB - eE \quad (\rightarrow \text{エ}) \quad \cdots④$$

(6) S の速度は x 軸正の向きに V であるので、電子の相対速度の成分 $v_x{}'$, $v_y{}'$ は

$$v_x{}' = v_x - V \quad , \quad v_y{}' = v_y - 0 = v_y$$

(7) $a_x = a_x{}'$, $a_y = a_y{}'$ と、(6)より、$v_x = v_x{}' + V$, $v_y = v_y{}'$ を③, ④式に代入する。

$$ma_x{}' = -ev_y{}'B \quad \cdots⑤ \quad , \quad ma_y{}' = ev_x{}'B + eVB - eE \quad \cdots⑥$$

S から見た**加速度 $a_x{}'$, $a_y{}'$, 速度 $v_x{}'$, $v_y{}'$ を用いた運動方程式が、①, ②式と同じ形になれば、S から見て電子が等速円運動をする**。⑤式は①式と同じ形をしている。⑥式が②式と同じ形になるには、⑥式の右辺の第 2, 3 項の和が 0 であればよいので

$$eV_0B - eE = 0 \quad \therefore \quad V_0 = \frac{E}{B}$$

(参考) Sの速さが V_0 のとき，Sから見ると電子には電場からの力がはたらかないように見える。これは，Sから見ると，既存の電場と逆向きに，強さ E の電場があり，Sから見た合成電場が0になると考えてもよい。

(8) Sの速さが $V_0 = \dfrac{E}{B}$ のとき，Sから見た運動方程式⑤，⑥式は

$$ma_x' = -ev_y'B \quad , \quad ma_y' = ev_x'B$$

となる。また，$t = 0$ でSから見た電子の相対速度は x 軸正の向きに $2V_0$ である。つまり，**Sから見ると電子は $v_0 = 2V_0$ で等速円運動をする**と考えればよい。時刻 t でのSから見た電子の座標を (x', y') とすると，(3)と同様に考えて，v_0 を $2V_0$ に置き換えればよいから

$$x' = \frac{2mV_0}{eB}\sin\frac{eB}{m}t \quad , \quad y' = \frac{2mV_0}{eB}\left(1 - \cos\frac{eB}{m}t\right)$$

Sは x 軸正の向きに速さ V_0 で等速直線運動をしているので，**静止している観測者から見た，時刻 t での電子の座標 (x, y)** は

$$x = V_0t + x' = V_0t + \frac{2mV_0}{eB}\sin\frac{eB}{m}t = V_0\left(t + \frac{2m}{eB}\sin\frac{eB}{m}t\right)$$

$$y = y' = \frac{2mV_0}{eB}\left(1 - \cos\frac{eB}{m}t\right)$$

SECTION 5 電磁誘導

重要

問題42 難易度：🙂🙂🙂◻️◻️

図1のように真空中で十分に長い直線導線に大きさ I の定常電流が流れている。直線導線を含む平面上に，一辺の長さが l の正方形コイル abcd がある。コイルの全抵抗値は R である。コイルを，辺 ad と直線導線が常に平行になるように，図の向き（辺 ab と平行な方向）に一定の速さ v で動かす。真空の透磁率を μ_0 とする。

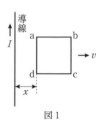

図1

(1) 図1のように辺 ad と直線導線の距離が x のとき，直線導線に流れる電流が辺 ad の位置につくる磁場の磁束密度の大きさと向きを求めよ。

(2) 図1の状態からごく短い時間 Δt だけ経過した際の，コイルを貫く磁束の変化量を求めよ。ただし，紙面の表から裏向きの磁束を正とする。

(3) コイルに発生する起電力を求めよ。また，電流を求めよ。ただし，起電力，電流とも a→b→c→d→a の方向を正とする。

(4) コイルに流れる電流の強さを i とする。辺 ad に磁場からはたらく力の大きさを，i を用いて求めよ。また，向きを答えよ。

(5) このコイルを一定速度で動かすために必要な力の大きさを，i を用いて求めよ。

設問別難易度：(1)🙂◻️◻️◻️◻️　(2),(3),(5)🙂🙂🙂◻️◻️　(4)🙂🙂◻️◻️◻️

Point | コイルの電磁誘導 ≫ (3)

巻き数 N のコイルを貫く磁束が，時間 Δt で $\Delta\Phi$ だけ変化したとき，電磁誘導によりコイルに発生する起電力 V を求めるためには，以下の①，②の方法がある。

① $\left|V\right|=\left|N\dfrac{\Delta\Phi}{\Delta t}\right|$ より大きさを，レンツの法則から右手を使って向きを求める

② 磁束と起電力を正しい向きに決めて，$V=-N\dfrac{\Delta\Phi}{\Delta t}$ より求める

正しい向きは，右手を使って親指を磁束の向き，残りの指の向きを起電力の向きとして決める。

解答 (1) 直線電流が距離 x だけ離れた位置につくる磁場の磁束密度の大きさを B_1 とすると

$$B_1 = \frac{\mu_0 I}{2\pi x}$$

向きは，右ねじの法則で考えて　　**紙面に垂直に表から裏向き**

(2) 辺 bc の位置の磁束密度の大きさを B_2 とすると

$$B_2 = \frac{\mu_0 I}{2\pi(x+l)}$$

時間 Δt の間にコイルが図2の実線から点線に移動する。

移動距離は $v\Delta t$ である。磁束の変化量を $\Delta\Phi$ とすると，

紙面の表から裏向きを正として

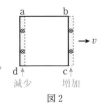

図2

$$\Delta\Phi = -B_1 lv\Delta t + B_2 lv\Delta t = \frac{\mu_0 Ilv\Delta t}{2\pi}\left(-\frac{1}{x} + \frac{1}{x+l}\right) = -\frac{\mu_0 Ivl^2\Delta t}{2\pi x(x+l)}$$

(3) 問題文で磁束と起電力の向きが正しく設定されているので，起電力を V とすると

$$V = -\frac{\Delta\Phi}{\Delta t} = \frac{\mu_0 Ivl^2}{2\pi x(x+l)}$$

電流は起電力と同じ向きに流れ，電流の強さ i は

$$i = \frac{V}{R} = \frac{\mu_0 Ivl^2}{2\pi Rx(x+l)}$$

参考 **大きさと向きを別々に考えてもよい。**大きさは $|V| = \left|\dfrac{\Delta\Phi}{\Delta t}\right|$，向きは

レンツの法則で考える。$B_1 > B_2$ より，紙面の表から裏向きの磁束が減少し，コイルには時計回りの起電力が発生するので，$V > 0$ となる。

別解 辺 ad，bc を，磁場を横切る導体棒と考え，電磁誘導を考える。それぞれ発生する起電力の大きさを V_1，V_2 とすると

$$V_1 = vB_1 l = \frac{\mu_0 Ivl}{2\pi x} \quad , \quad V_2 = vB_2 l = \frac{\mu_0 Ivl}{2\pi(x+l)}$$

フレミングの右手の法則（p. 155 **問題45の** Point 1

参照）**より起電力の向きを考えると，図3のように**

なる。コイル一周での起電力 V は，$V_1 > V_2$ も考え

て

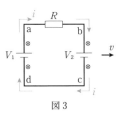

図3

$$V = V_1 - V_2 = \frac{\mu_0 Ivl}{2\pi x} - \frac{\mu_0 Ivl}{2\pi(x+l)}$$

$$= \frac{\mu_0 Ivl^2}{2\pi x(x+l)}$$

電流は，$V_1 > V_2$ より図3の向きに流れ，キルヒホッフの法則より

$$V_1 - V_2 = Ri$$

$$\therefore \quad i = \frac{V_1 - V_2}{R} = \frac{\mu_0 I v l^2}{2\pi R x(x+l)}$$

(4) 辺 ad に流れる電流には，直線電流のつくる磁場から力がはたらく。この力の大きさを F_1 とすると

$$F_1 = iB_1 l = \frac{\mu_0 iIl}{2\pi x}$$

向きは，フレミングの左手の法則より　　　左向き

(5) 他の辺にはたらく力を矢印で表すと，図4のようになる。辺 ab と辺 dc にはたらく力は打ち消し合う。辺 bc にはたらく力の大きさを F_2 とすると

$$F_2 = iB_2 l = \frac{\mu_0 iIl}{2\pi(x+l)}$$

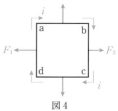

図 4

向きは，右向きである。$F_1 > F_2$ であることを考慮して，コイル全体にはたらく力の大きさを求めると

$$F_1 - F_2 = \frac{\mu_0 iIl}{2\pi x} - \frac{\mu_0 iIl}{2\pi(x+l)} = \frac{\mu_0 iIl^2}{2\pi x(x+l)}$$

向きは左向きである。**一定速度で動かすためには逆向きで同じ大きさの力が必要である**ので

大きさ　$\dfrac{\mu_0 iIl^2}{2\pi x(x+l)}$

　図1のように xy 平面に対して垂直に，$x \geq 0$ の範
囲に磁束密度 B_0 で紙面の裏から表向きの磁場がかけ
られている。二等辺三角形のコイル ABC を，辺 BC
が y 軸に平行になるように置き，速さ v で x 軸正の
向きに動かす。辺 AB，CA の長さは l，$\angle$ABC$=$
$\angle$ACB$=\theta$ である。またコイル全体の電気抵抗は R
である。コイルの頂点 A の位置が $x=0$ となったとき

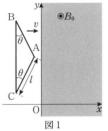

図1

の時刻を $t=0$ とし，時刻 t $\left(\text{ただし } 0 \leq t \leq \dfrac{l\sin\theta}{v}\right)$ のときについて考える。

(1)　コイルを貫く磁束を求めよ。

(2)　時刻 t から微小な時間 Δt だけ経過する際の，コイルを貫く磁束の変化量
　　を求めよ。ただし，Δt は微小であるので $(\Delta t)^2$ の項は無視してよい。

(3)　コイルに発生する起電力と，コイルに流れる電流を求めよ。ただし，いず
　　れも A→B→C→A の向きを正とする。

(4)　コイルの辺 AB にはたらく磁場からの力の大きさと向きを求めよ。

(5)　コイルを一定の速さで動かすために外部から加える力の大きさと向きを求
　　めよ。また，その力の仕事率を求めよ。

(6)　コイルでの消費電力を求めよ。

設問別難易度：(1) 🙂🙂⬜⬜⬜　(2)〜(6) 🙂🙂🙂⬜⬜

Point 1　動くコイルを動く導体棒と考える　≫ (3)

　電磁誘導によってコイルに発生する起電力は，コイルを貫く磁束の変化から求める
のが一般的であるが，動くコイルの電磁誘導では，コイルの各辺を，磁場を横切る導
体棒と考えて，起電力を求めることも可能である。

Point 2　エネルギーの流れ　≫ (5), (6)

　電磁誘導により電流が流れ，ジュール熱が発生する場合でも，エネルギーは形を変
えて保存される。コイルを動かしている力がする仕事が，ジュール熱に変換されてい
ることが多い。

Point 3　関数の微小変化　≫ (2)

　関数 $y=f(x)$ があり，x が Δx だけ変化したときの y の変化量 Δy について考え

る。y を x で微分するということは，$\dfrac{\Delta y}{\Delta x}=f'(x)$ なので

$$\Delta y=f'(x)\Delta x$$

である。高校の物理では，微分，積分を用いないことになっているので，入試問題では「微小変化を求めて高次の項を無視して」という誘導になるが，微分すればすぐに答えが出る場合が多い。

解答 (1) 図2のように，時刻 t で A の x 座標は vt である。

磁場とコイルの内部が重なってできる二等辺三角形の底辺の長さは $\dfrac{2vt}{\tan\theta}$ なので，コイルを貫く磁束を Φ とすると

$$\Phi=B_0\times\frac{1}{2}\times vt\times\frac{2vt}{\tan\theta}=\frac{B_0v^2t^2}{\tan\theta}$$

(2) 時刻 Δt 後の磁束を Φ' とすると，$(\Delta t)^2$ の項を無視して

$$\Phi'=\frac{B_0v^2(t+\Delta t)^2}{\tan\theta}=\frac{B_0v^2\{t^2+2t\Delta t+(\Delta t)^2\}}{\tan\theta}$$

$$\fallingdotseq\frac{B_0v^2(t^2+2t\Delta t)}{\tan\theta}$$

ゆえに，磁束の変化量を $\Delta\Phi$ とすると

$$\Delta\Phi=\Phi'-\Phi=\frac{2B_0v^2t\Delta t}{\tan\theta}$$

参考 Φ は t の関数なので，微小変化 $\Delta\Phi$ は，Φ を t で微分して

$$\Delta\Phi=\frac{d\Phi}{dt}\Delta t=\frac{2B_0v^2t\Delta t}{\tan\theta}$$

(3) 起電力の大きさを $|V|$ とすると

$$|V|=\left|\frac{\Delta\Phi}{\Delta t}\right|=\frac{2B_0v^2t}{\tan\theta}$$

起電力の向きはレンツの法則より A→C→B→A なので，起電力を V とすると

$$V=-\frac{2B_0v^2t}{\tan\theta}$$

電流も A→C→B→A の向きに流れるので，電流を I とすると

$$I=\frac{V}{R}=-\frac{2B_0v^2t}{R\tan\theta}$$

参考 紙面の裏から表向きを磁場の正の向きとすると，起電力は $A \rightarrow B \rightarrow C \rightarrow A$ の向きを正とするのが正しい決め方である。起電力 V は電磁誘導の公式より

$$V = -\frac{\Delta\Phi}{\Delta t} = -\frac{2B_0v^2t}{\tan\theta}$$

電流 I も，起電力と同じ向きを正とするので

$$I = \frac{V}{R} = -\frac{2B_0v^2t}{R\tan\theta}$$

別解 **磁場を横切る導体棒の電磁誘導として考える。**

図3のように辺 AB，AC 中で $y=0$ となる点をそれぞれ B′，C′ とする。辺 AB′ および AC′ の，速度と直交方向の長さは $\dfrac{vt}{\tan\theta}$ であるので，それぞれの導体棒に発生する起電力の大きさを V_1, V_2 とすると

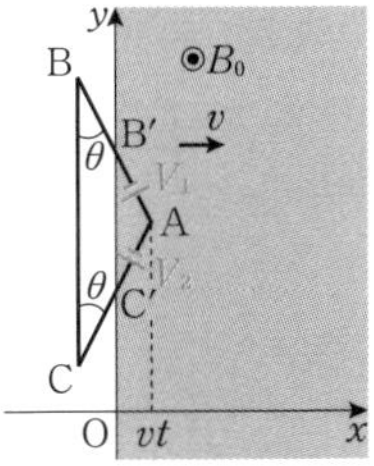

$$V_1 = V_2 = v \times B_0 \times \frac{vt}{\tan\theta} = \frac{B_0v^2t}{\tan\theta}$$

図3

それぞれ図3の向きの起電力となるので，コイル全体の起電力の大きさ $|V|$ は

$$|V| = V_1 + V_2 = \frac{2B_0v^2t}{\tan\theta}$$

向きは図3のようになる。これより電流を求める。

(4) 磁場から電流にはたらく力は，磁場と電流のそれぞれと直交し，向きはフレミングの左手の法則より，図4のようになる。辺 AB にはたらく力の大きさを F_1 とすると，磁場中の辺の長さが $\dfrac{vt}{\sin\theta}$ であるので

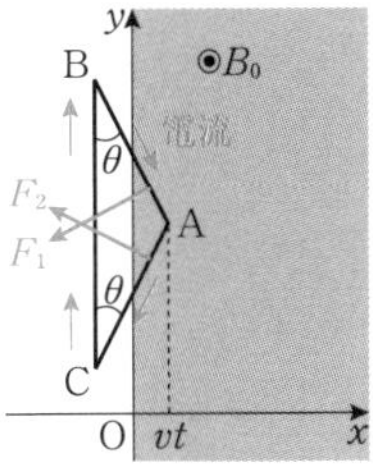

$$F_1 = |I|B_0\frac{vt}{\sin\theta} = \frac{2B_0^2v^3t^2\cos\theta}{R\sin^2\theta}$$

向きは **辺 AB に直角で速度と逆方向**

図4

(5) 辺 AC にはたらく力の大きさを F_2 とすると，F_2 は F_1 と同じ大きさである。

この2力の合力は x 軸負の向きで，合力の大きさを F とすると

$$F = F_1\cos\theta + F_2\cos\theta = \frac{4B_0^2v^3t^2\cos^2\theta}{R\sin^2\theta} = \frac{4B_0^2v^3t^2}{R\tan^2\theta}$$

一定の速さで動かすためには，コイルにはたらく力がつり合っている必要がある。ゆえに，外部から加える力は

$$大きさ：F=\frac{4B_0{}^2v^3t^2}{R\tan^2\theta} \quad , \quad 向き：x 軸正の向き$$

この力の仕事率を P とすると

$$P=Fv=\frac{4B_0{}^2v^4t^2}{R\tan^2\theta}$$

(6) 消費電力を P_{E} とすると

$$P_{\mathrm{E}}=RI^2=\frac{4B_0{}^2v^4t^2}{R\tan^2\theta}$$

参考 これは，(5)で求めた P と一致する。つまり，**外部から加える仕事が，コイルでの消費電力**になる。

図1(a)のように，導体でできた中空の円筒を鉛直に立て，その中に円柱形の磁石をN極がつねに上になるようにしてそっと落としたところ，やがてある一定の速さで落下した。これは，磁石が円筒中を通過するとき，電磁誘導によりその周りの導体に電流が流れるためである。磁石の落下速度がどのように決まるかを理解するために，導体の円筒を，図1(b)のように，等間隔で積み上げられた，たくさんの閉じた導体リングで置き換えて考えてみる。

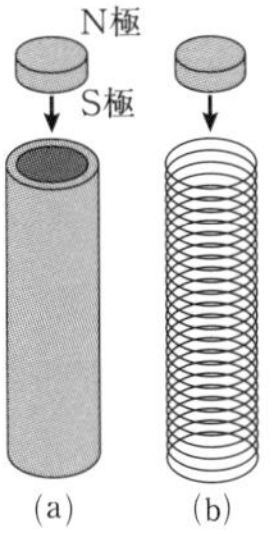

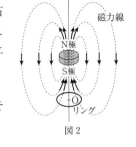

図1

I. まず，図2のように，1つのリングだけが水平に固定されて置かれており，そのリングの中心を磁石が一定の速さvで下向きに通り抜ける場合を考える。z座標を，リングの中心を原点として，鉛直上向きが正になるようにとる。磁石はz軸に沿って，z軸負の向きに運動することに注意せよ。

(1) 磁石がリングに近づくときと遠ざかるとき，それぞれにおいて，リングに流れる電流の向きと，その誘導電流が磁石に及ぼす力の向きを答えよ。

電流の向きは上向きに進む右ねじが回転する向きを正とし，正負によって表せ。

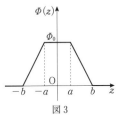

図2

(2) 磁石の中心の座標がzにあるとき，$z=0$に置かれたリングを貫く磁束$\Phi(z)$を，図3のように台形関数で近似する。すなわち磁束は，区間$-b \leqq z \leqq -a$で0から最大値Φ_0に一定の割合で増加し，区間$a \leqq z \leqq b$で最大値Φ_0から一定の割合で0まで減少する。ここで磁束の正の向きを上向きにとった。磁石がリングを通過する前後に，このリングに一時的に誘導起電力が発生する。その大きさをΦ_0，v，a，bを用いて表せ。

図3

(3) リング一周の抵抗をRとしたとき，誘導起電力によって流れる電流の時間変化$I(t)$のグラフを描け。リングに電流が流れ始める時刻を時間tの原点にとり，電流の正負と強さ，電流が変化する時刻も明記せよ。ただし，リングの自己インダクタンスは無視してよい。

II. 次に，図1(b)のように，鉛直方向にIで考えたリングを密に積み上げ，そ

の中をⅠと同じ磁石が落下する場合を考える。鉛直方向の単位長さあたりの
リングの数を n とする。

(4) リングに電流が流れるとジュール熱が発生する。磁石が速さ v で落下
するとき，積み上げられたリング全体から単位時間あたりに発生するジュ
ール熱を求めよ。

(5) 磁石の質量を M，重力加速度の大きさを g としたとき，エネルギー保
存則を用いると磁石が一定の速さで落下することがわかる。その速さ v
を求めよ。ただし，空気抵抗は無視できるものとする。

設問別難易度：(1) 🙂⬜⬜⬜⬜　(2), (3) 🙂🙂🙂⬜⬜　(4), (5) 🙂🙂🙂🙂⬜

Point 1 ┊ 渦電流 ≫ (1)〜(5)

　導体の近くで磁石を動かしたり磁場を変化させたりするとき，電磁誘導により導体
に誘導電流が流れる。このような誘導電流を渦電流という。連続した導体に流れる渦
電流を，多数のコイル（リング）で置き換えて考える場合がある。この場合，一つ一
つのコイルに電磁誘導の基本を適用すればよい。

Point 2 ┊ エネルギーの流れ ≫ (5)

　物体を動かして電磁誘導により電気エネルギー（本問ではさらに抵抗でのジュール
熱＝熱エネルギーに変換している）を発生させる場合でも，エネルギー保存則より，
エネルギーの総量は変化しない。本問では，力学的なエネルギーが最終的には熱エネ
ルギーに変換されているが，総量は変化していない。

解答　(1)　図 4 (a) のように，磁石がリングに**近づ
くとき**，リングを貫く上向きの磁束が増
加しようとするので，電磁誘導により下
向きの磁束をつくるような誘導電流が流
れる。電流の向きは負で，リングの上側
が S 極になるので，**磁石との間に斥力**
がはたらく。ゆえに，磁石に及ぼす力は
鉛直上向きである。

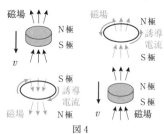

図 4

逆に，図 4 (b) のように磁石がリングから**遠ざかるとき**は，誘導電流は正の向
きで，**磁石との間に引力**がはたらく。磁石に及ぼす力は鉛直上向きである。

近づくとき　　誘導電流：負　，　磁石に及ぼす力：鉛直上向き
遠ざかるとき　誘導電流：正　，　磁石に及ぼす力：鉛直上向き

(2) 磁石が $z=b$ の位置から $z=a$ まで，距離 $b-a$ だけ落下する間に，リングを貫く**磁束が一定の割合で変化するので，大きさが一定の誘導起電力が発生**する。この間の変化量 $\Delta\Phi$ は $\Phi_0-0=\Phi_0$ で，この間の時間 Δt は $\dfrac{b-a}{v}$ なので，リングに発生する誘導起電力の大きさを V とすると

$$V=\left|\frac{\Delta\Phi}{\Delta t}\right|=\left|\frac{\Phi_0}{\dfrac{b-a}{v}}\right|=\frac{v\Phi_0}{b-a}$$

磁石がリングを通過した後，$z=-a$ の位置から $z=-b$ に至るまでの間，通過時間と磁束の変化量の絶対値は上の場合と同じなので，起電力の大きさも同じである。それ以外のときは磁束が変化していないので，誘導起電力は発生しない。ゆえに，誘導起電力が発生しているとき，その大きさは

$$V=\frac{v\Phi_0}{b-a}$$

(3) 電流の向きは，リングを貫く上向きの磁束が増加する $z=b$ から $z=a$ までは負の向き，磁束が減少する $z=-a$ から $z=-b$ までは正の向きとなる。起電力の大きさは(2)で求めた V なので，電流の強さを I とすると

$$a\le z\le b:I=-\frac{V}{R}=-\frac{v\Phi_0}{R(b-a)}$$

$$-b\le z\le-a:I=\frac{V}{R}$$

$$=\frac{v\Phi_0}{R(b-a)}$$

磁石が $z=a$，$-a$，$-b$ の位置を通過する時刻をそれぞれ考えてグラフにすると図5のようになる。

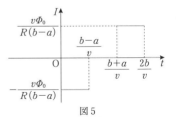

図5

(4) 電流が流れているリング1個に，単位時間あたりに発生するジュール熱は RI^2 である。また，$z=b$ から $z=a$ の間と，$z=-a$ から $z=-b$ の間にあ**るリングに誘導電流が流れる**。つまり距離 $2(b-a)$ の間にあるリングに電流が流れるが，この間のリングの数は，$2n(b-a)$ 個である。これらのリングの単位時間あたりの発熱量の和を W とすると

$$W=2n(b-a)\times RI^2=\frac{2nv^2\Phi_0{}^2}{R(b-a)}$$

(5) 磁石の落下により，単位時間あたりに減少する**磁石の重力による位置エネルギーが，リング全体で発生するジュール熱に変換される**。ゆえに

$$Mgv=\frac{2nv^2\Phi_0{}^2}{R(b-a)}\qquad\therefore\quad v=\frac{MgR(b-a)}{2n\Phi_0{}^2}$$

難易度：🙂🙂🙂◻️◻️

図1のように，鉛直上向きで磁束密度 B の一様な磁場中に，間隔 L の2本の平行導体レールが水平となす角 θ で固定されている。2本のレールは上端で抵抗値 R の抵抗とスイッチが接続され，スイッチを A 側にすると導線，B 側にすると起電力 E の電池と接続される。長さ L，質

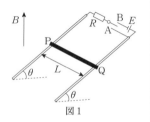

図1

量 m の導体棒 PQ が，このレール上を水平を保ったまま，なめらかにすべる。重力加速度の大きさを g とし，導体棒，レール，導線の抵抗は無視できるとする。また，レールは十分に長く，導体棒はレール上のみを運動するものとする。

初め，スイッチを A 側に接続し，導体棒をレール上に水平に置いて静かにはなすと，導体棒はレール上をすべり下り始めた。導体棒の速さが v となったときについて考える。

(1) 導体棒に流れる電流の強さと向きを求めよ。

(2) 導体棒の，レールに平行下向きの加速度を求めよ。

やがて，導体棒は一定の速さとなった。

(3) 導体棒に流れる電流の強さを求めよ。

(4) 導体棒の速さを求めよ。

(5) 単位時間あたりの導体棒の位置エネルギーの変化と，抵抗での消費電力を求めよ。

次に，スイッチを B 側に接続し，導体棒をレール上に水平に置いて静かにはなすと，導体棒はレール上を上向きにすべり始め，やがて一定の速さになった。

(6) 導体棒をはなした瞬間の導体棒の，レールに平行上向きの加速度を求めよ。

導体棒の速さが一定となる前に，速さが v となったときについて考える。

(7) 導体棒に流れる電流の強さを求めよ。

(8) 導体棒の，レールに平行上向きの加速度を求めよ。

導体棒の速さが一定となったときについて考える。

(9) 導体棒に流れる電流の強さと向き，および導体棒の速さを求めよ。

(10) 電池が供給する電力 P_E，単位時間あたりの導体棒の位置エネルギーの変化 ΔU，および抵抗での消費電力 W をそれぞれ求め，これらの量の間に成り立つ関係を示せ。

Point 1 フレミングの右手の法則 ≫ **(1)**, **(4)**, **(7)**

　磁場を横切る導体棒に発生する起電力の向きは，フレミングの右手の法則で考えるとよい。磁場中の電流にはたらく力を示す左手の法則と混乱しやすいので，近年，教科書には掲載されていないが，使えるようになっておきたい。

　右手の親指を導体棒の速度の向き，人差し指を磁場の向きとして，中指が導体棒に発生する起電力の向きを示している。

　くれぐれも，右手の法則と左手の法則を混同しないようにしよう。

フレミングの右手の法則

> フレミングの右手の法則：磁場を横切る導体棒に発生
> 　　　　　　　　　　　する起電力の向きを示す。
> フレミングの左手の法則：磁場中で流れる電流にはたらく力の向きを示す。

Point 2 キルヒホッフの法則 ≫ **(1)**, **(6)**, **(7)**, **(9)**

　電磁誘導で発生した誘導起電力も，電源などの起電力と同様に扱うことができる。誘導起電力を含む回路の電流等を求める場合，普通の回路と同様にキルヒホッフの法則が成り立つ。

解答 (1)　導体棒の速度の磁場に垂直な成分は $v\cos\theta$ なので，導体棒に発生する起電力の大きさを V_1 とすると

$$V_1 = v\cos\theta \times BL = vBL\cos\theta$$

フレミングの**右手の法則**より，**起電力の向き**は $Q \to P$ である。電流の強さを I_1 として

$$I_1 = \frac{V_1}{R} = \frac{vBL\cos\theta}{R} \quad, \quad 向き：Q \to P$$

(2)　フレミングの**左手の法則**より，導体棒に流れる**電流にはたらく磁場からの力**を Q 側から見ると，図2のように，磁場（鉛直上向き）にも電流（水平で紙面の表から裏）にも垂直で水平右向きに大きさ I_1BL である。導体棒の，レールに平行下向きの加速度を a_1 とすると，レールに平行下向きの運動方程式は

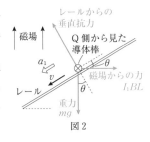

図2

$$ma_1 = mg\sin\theta - I_1BL\cos\theta$$

$$\therefore\quad a_1 = g\sin\theta - \frac{I_1BL\cos\theta}{m} = g\sin\theta - \frac{vB^2L^2\cos^2\theta}{mR} \quad \cdots①$$

(3) 電流の強さを I_2 とする。導体棒にはたらく力がつり合っているので

$$0 = mg\sin\theta - I_2BL\cos\theta \qquad \therefore \quad I_2 = \frac{mg}{BL}\tan\theta$$

(4) 速さを v_2 とする。導体棒の起電力は Q→P 向きで，大きさ $v_2BL\cos\theta$ なので

$$I_2 = \frac{v_2BL\cos\theta}{R}$$

$$\therefore \quad v_2 = \frac{RI_2}{BL\cos\theta} = \frac{mgR\tan\theta}{B^2L^2\cos\theta}$$

別解 **(3)・(4)** ①式で，加速度が 0 となるとき，速度が一定となるので

$$0 = g\sin\theta - \frac{v_2B^2L^2\cos^2\theta}{mR}$$

$$\therefore \quad v_2 = \frac{mgR\tan\theta}{B^2L^2\cos\theta}$$

これより，電流 I_2 は

$$I_2 = \frac{v_2BL\cos\theta}{R} = \frac{mg}{BL}\tan\theta$$

(5) 単位時間あたりの位置エネルギーの変化を ΔU_0 とすると

$$\Delta U_0 = -mgv_2\sin\theta = -R\left(\frac{mg}{BL}\tan\theta\right)^2$$

また，抵抗での消費電力を W_0 とすると

$$W_0 = RI_2{}^2 = R\left(\frac{mg}{BL}\tan\theta\right)^2$$

参考 導体棒の重力による位置エネルギーの減少分が，抵抗で消費されて発生するジュール熱に変換されている。つまり，$0 = \Delta U_0 + W_0$ が成り立っている。

(6) 導体棒の速さは 0 なので，起電力は発生しない。ゆえに，電池と抵抗のみの回路なので，電流の向きは Q→P で，強さを I_3 とすると

$$I_3 = \frac{E}{R}$$

フレミングの**左手の法則**より，導体棒に流れる**電流にはたらく力**は，Q 側から見て水平右向きで大きさは I_3BL である。つまり，導体棒にはたらく力の向きは図 2 と同じである。導体棒の，レールに平行上向きの加速度を a_3 とすると，運動方程式は

$$ma_3 = I_3BL\cos\theta - mg\sin\theta$$

$$\therefore \quad a_3 = \frac{I_3BL\cos\theta}{m} - g\sin\theta = \frac{EBL\cos\theta}{mR} - g\sin\theta$$

(7) フレミングの**右手の法則**より，**導体棒に発生する起電力**は，P→Q向きで大きさは $vBL\cos\theta$ である。つまり，図3のような回路ができていると考える。Q→P向きの電流の強さを I_4 とすると，キルヒホッフの第2法則より

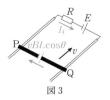

図3

$$E - vBL\cos\theta = RI_4$$

$$\therefore \quad I_4 = \frac{E - vBL\cos\theta}{R}$$

参考 題意より，導体棒はまだ加速をするので，電流の向きはQ→Pである。つまり $E > vBL\cos\theta$ が成り立っている。

(8) (6)と同様に考えて，磁場から電流にはたらく力の大きさは I_4BL，向きはQ側から見て水平右向きなので，導体棒の，レールに平行上向きの加速度を a_4 とすると，運動方程式は

$$ma_4 = I_4BL\cos\theta - mg\sin\theta$$

$$\therefore \quad a_4 = \frac{I_4BL\cos\theta}{m} - g\sin\theta = \frac{(E - vBL\cos\theta)BL\cos\theta}{mR} - g\sin\theta$$

(9) 磁場から導体棒に流れる電流にはたらく力と導体棒にはたらく重力の，レールに平行な方向のつり合いを考える。Q→P向きの電流の強さを I_5 として

$$0 = mg\sin\theta - I_5BL\cos\theta$$

$$\therefore \quad I_5 = \frac{mg}{BL}\tan\theta \quad , \quad 向き：Q \to P$$

（力のつり合いを考えると，(3)で求めた電流 I_2 と同じである。）

導体棒の，レールに平行上向きの速さを v_5 とする。起電力はP→Q向きで大きさ $v_5BL\cos\theta$ なので，キルヒホッフの第2法則より

$$E - v_5BL\cos\theta = RI_5$$

I_5 を代入すると

$$E - v_5BL\cos\theta = R \times \frac{mg}{BL}\tan\theta$$

$$\therefore \quad v_5 = \frac{EBL - mgR\tan\theta}{B^2L^2\cos\theta}$$

別解 (8)で求めた加速度が0となるので

$$\frac{(E - v_5BL\cos\theta)BL\cos\theta}{mR} - g\sin\theta = 0$$

$$\therefore \quad v_5 = \frac{EBL - mgR\tan\theta}{B^2L^2\cos\theta}$$

(10) $\quad P_E = EI_5 = \dfrac{mgE}{BL}\tan\theta$

単位時間あたりに導体棒が上昇する高さは $v_5\sin\theta$ なので

$$\Delta U = mgv_5\sin\theta = \frac{(EBL - mgR\tan\theta)mg\tan\theta}{B^2L^2}$$

また

$$W = RI_5{}^2 = R\left(\frac{mg}{BL}\tan\theta\right)^2$$

これらの式より

$\quad P_E = \Delta U + W$

の関係が成り立つことがわかる。

（参考） 電池で供給する電力が，導体棒の位置エネルギーの増加分と，抵抗で発生するジュール熱に変換される。

以下の空欄のア〜ケに入る適切な式と，a〜dに入る適切な選択肢の番号を答えよ。また，問1に答えよ。

図1のように，鉛直上向きで磁束密度 B の一様な磁場がある。長さ r の導体棒 OP を，O を中心に角速度 ω で図1に示す向きに水平面内を回転させる。このとき，導体棒中の自由電子（電気量 $-e$）は磁場からローレンツ力を受ける。

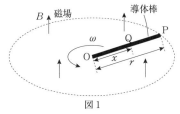

図1

導体棒中で，O から距離 x だけ離れた点を Q とすると，Q にある自由電子には，大きさ ア のローレンツ力が ｜a. ①O→P, ②P→O｜ の向きにはたらくため，自由電子が導体内を移動することで，導体棒内に電場が発生する。電場から自由電子にはたらく力がローレンツ力とつり合うことより，Q での電場の強さは イ で，向きは ｜b. ①O→P, ②P→O｜ である。

問1．導体棒中の電場の強さを，横軸に O からの距離 x をとってグラフにせよ。

Q から P に向けて測った微小な距離 Δx の部分について考える。この微小部分内の電場の強さが一定であるとすると，両端の電位差は ウ となる。O から P の間の電位差 V について考えると，問1で求めたグラフの面積となり，$V=$ エ となる。これは，導体棒が単位時間で横切る磁束の大きさに等しい。また，電位が高いのは ｜c. ①O, ②P｜ である。

次に，図2のように導体棒の一端 P と接触するように，O を中心とした半径 r の円形導体レールを置く。レールと O の間に，抵抗値 R の抵抗を接続し，導体棒を角速度 ω で図2に示す向きに回転させる。このとき，導体棒に流れる電流の強さは オ で，向きは ｜d. ①O→P, ②P→O｜ である。また，抵

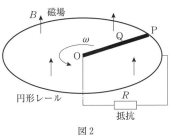

図2

抗での消費電力は カ となる。Q から微小な距離 Δx の部分で，磁場から電流にはたらく力の大きさは キ となり，導体棒の場所によらず一定の大きさとなる。よって，磁場から導体棒全体にはたらく力の大きさは ク で，作用点は導体棒の中点と考えてよい。ゆえに，導体棒を一定の角速度で回転させるために加える力の仕事率は ケ となる。

Point 1　磁場を横切る導体棒の起電力の大きさ　≫ エ

磁場を横切る導体棒に発生する起電力の大きさは，導体棒が単位時間で横切る磁束の大きさとなる。本問では導体棒を短い区間に分けて考えているが，全体の起電力は単位時間で導体棒が磁場に垂直方向に描く面積を求めて，磁束密度をかければよい。

Point 2　磁場から電流にはたらく力　≫ キ，ク

磁場から電流にはたらく力は，電流が流れる導体や導線が動いていても影響されないため，フレミングの左手の法則を用いて求めることができる。

解答　ア．導体棒中の**電子は導体棒とともに円運動をする**。Qで円運動の速さは ωx なので，ローレンツ力の大きさ f は

$$f=e\omega xB$$

a．電子は負電荷であることに注意して，フレミングの左手の法則より，ローレンツ力の向きは②P→Oである。

イ．Qでの電場の強さを $E(x)$ とすると，**電場からの力とローレンツ力がつり合う**ので

$$e\omega xB-eE(x)=0 \qquad \therefore \quad E(x)=\omega xB \quad \cdots ①$$

b．ローレンツ力の向きがP→Oなので，電場からの力はO→P向きにはたらく必要がある。電子が負電荷であることに注意すると，電場の向きは②P→Oである。

（参考）ローレンツ力により電子は全体的にO側へ移動し，Oは負電荷（電子）が過剰な状態，Pは正電荷が過剰な状態となるので，電場はP→O向きとなる。

問1．①式より，電場の強さ $E(x)$ はOからの距離 x に比例するので，図3のようになる。

図3

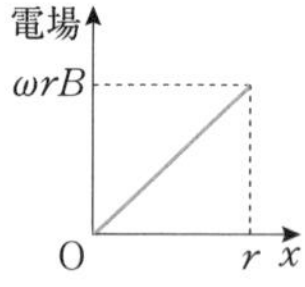

ウ．微小部分内の電場は一定で，長さは Δx であるから，電位差 ΔV は

$$\Delta V=E(x)\Delta x=\omega xB\Delta x$$

エ．図4のように，ΔV は問1で求めたグラフの網かけ部分の面積に等しい。ゆえにOからPまでの電位差は，グラフの $x=0$ から $x=r$ までの面積となり

$$V=\frac{1}{2}\omega r^2B$$

図4

c．電場の向きはP→Oで，②Pが高電位である。

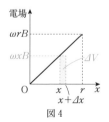

参考 問題文にあるように，導体棒に発生する**起電力は，導体棒が単位時間で横切る磁束の大きさに等しい**。図5のように，導体棒は単位時間で中心角 ω の扇形を描くので

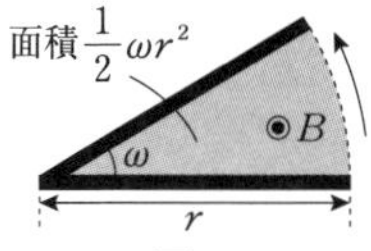

面積 $\dfrac{1}{2}\omega r^2$

図5

$$V=B\times\frac{1}{2}\omega r^2=\frac{1}{2}\omega r^2 B$$

向きはフレミングの右手の法則より求めればよい。

オ．抵抗の両端の電位差が V となるので，電流の強さを I とすると，オームの法則より

$$I=\frac{V}{R}=\frac{\omega r^2 B}{2R}$$

d．起電力の向きは O→P で，P が高電位なので電流の向きも①O→P である。

カ．抵抗での消費電力を P_{R} とすると

$$P_{\mathrm{R}}=RI^2=\frac{\omega^2 r^4 B^2}{4R}$$

キ．長さ Δx の部分に電流 I が流れているので，磁場からの力を f とすると

$$f=IB\Delta x=\frac{\omega r^2 B^2}{2R}\Delta x$$

（f は，O からの距離によらず，どこでも同じ大きさである。）

ク．長さ r の導線にはたらく力なので，大きさを F とすると

図6

$$F=IBr=\frac{\omega r^3 B^2}{2R}$$

参考 キで求めた長さ Δx の導線にはたらく力 f を導体棒全体で合成したものが F である。f は位置によらず同じ大きさ，同じ向きなので，**合成したときの作用点は導体棒の中点と**なる。

ケ．導体棒に磁場からはたらく力の向きは，フレミングの左手の法則より導体棒の回転方向と逆向きである。導体棒を一定の角速度で回転させるためには，図6のように導体棒の中点に大きさ F の力を加えればよい。中点の速さは $\dfrac{\omega r}{2}$ なので，仕事率を P とすると

$$P=F\times\frac{\omega r}{2}=\frac{\omega^2 r^4 B^2}{4R}$$

参考 導体棒にはたらく力がした仕事が，電磁誘導により電気エネルギーに変換されて抵抗でのジュール熱になる。ゆえに，$P=P_{\mathrm{R}}$ が成り立つ。

問題47 難易度：DDDDD

図1のように，十分に長い2本の導体レールが，水平かつ平行に間隔 d で固定されている。電気抵抗をもつ金属棒 L_1，L_2 がレールに垂直に置かれている。L_1，L_2 の質量はそれぞれ m_1，m_2 で，抵抗値はともに R である。L_1，L_2 は，レールと

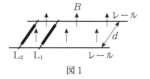

図1

垂直を保ったまま，レール上をなめらかに動くことができる。また，鉛直上向きで磁束密度 B の一様な磁場が加えられている。L_1，L_2 以外の電気抵抗や回路を流れる電流がつくる磁場は無視できるものとする。なお，力，速度，加速度は図1の水平右向きを正とする。

L_2 を固定して静止させた状態で，L_1 に右向きに速さ v_0 の速度を与えると同時に，L_2 の固定を外した。

(1) L_1 に速度を与えた瞬間，L_1 に流れる電流の強さと，L_2 の加速度を求めよ。

L_1 の速さが v_1，L_2 の速さが v_2 となった。ただし $v_2 < v_1$ である。

(2) L_1 に流れる電流の強さと，L_1 の加速度を求めよ。

やがて，L_1，L_2 は一定の速さで動くようになった。

(3) L_1 に流れる電流の強さと，L_1 の速さを求めよ。

(4) 初めの状態から，L_1，L_2 が一定の速さとなるまで，L_1 で発生したジュール熱を求めよ。

設問別難易度：(1) DDDDD (2),(4) DDDDD (3) DDDDD

Point 1 あれこれ考えず，個々の現象に基本を適用する ≫ (1)〜(4)

- 導体棒が動くと誘導起電力が発生する（フレミングの右手の法則）
- 誘導起電力も普通の電源の起電力と同じと考えて，電気回路として電流等を考える（キルヒホッフの法則）
- 磁場中で電流があれば，磁場から力がはたらく（フレミングの左手の法則）
- 力がはたらいている物体の運動は力学で考える（つり合い，運動方程式など）

というように，様々な物理の基本を使う。それぞれの基本に忠実に考えることが大切である。1つのことを考えるとき，余計なことをあれこれ考えてはならない。例えば，「導体棒に磁場からはたらく力を考えるときは，導体棒の電流だけを考える」，「力学として考えるときは，力の種類が磁場からの力でも重力でも関係ない」というように，様々な物理の基本を同時に考えようとしないことが大切である。

本問では，2本の導体棒には常に同じ強さで逆向きの電流が流れるので，導体棒にはたらく力は常に大きさが同じで向きが逆である。ゆえに，**全体で与える力積は0となるので，2本の導体棒の運動量の和は保存**される。電磁気分野の問題であるが，力学の基本を応用することも大切である。

解答 (1) L_1 に発生する起電力の向きは，フレミングの右手の法則より図1の奥から手前向きで，大きさは v_0Bd である。L_1 に流れる電流の強さを I_0 とすると，キルヒホッフの第2法則より

$$v_0Bd = RI_0 + RI_0 \quad \therefore \quad I_0 = \frac{v_0Bd}{2R}$$

L_2 には図1の手前から奥向きに電流が流れるので，フレミングの左手の法則より，磁場からの力が右向きにはたらく。力の大きさは I_0Bd なので，L_2 の加速度を a_0 とすると，運動方程式は

$$m_2 a_0 = I_0 Bd \quad \therefore \quad a_0 = \frac{I_0 Bd}{m_2} = \frac{v_0 B^2 d^2}{2m_2 R}$$

(2) L_1，L_2 に発生する起電力はともに図1の奥から手前向きで，大きさをそれぞれ V_1，V_2 とすると

$$V_1 = v_1 Bd \quad , \quad V_2 = v_2 Bd$$

である。**図1は，上から見ると図2のような回路となる。** 時計回りの電流を I として，キルヒホッフの第2法則より

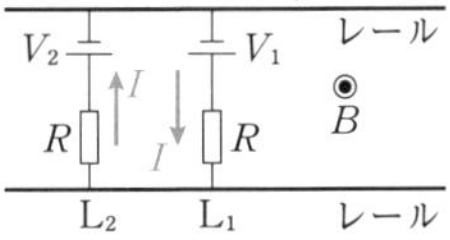

図2

$$V_1 - V_2 = RI + RI \quad \therefore \quad I = \frac{V_1 - V_2}{2R} = \frac{(v_1 - v_2)Bd}{2R}$$

L_1 に流れる電流には，磁場から大きさ IBd の力が左向きにはたらく。L_1 の加速度を a として運動方程式を作ると

$$m_1 a = -IBd \quad \therefore \quad a = -\frac{IBd}{m_1} = -\frac{(v_1 - v_2)B^2 d^2}{2m_1 R}$$

(3) 金属棒に水平方向にはたらく力は，磁場から電流にはたらく力のみである。**金属棒が一定の速さになるのは，磁場からの力が0となる場合のみ**なので，電流は0である。
電流が0となるのは，L_1，L_2 の起電力の大きさが同じときなので，L_1，L_2 は同じ速度である。動き始めてから同じ速度になるまで L_1，L_2 に磁場からはたらく力を F_1，F_2 とすると，常に電流が同じ強さで逆向きに流れるため，$F_1 = -F_2$ **の関係が成り立つので，L_1，L_2 の運動量の和は保存**される。ゆえ

に，一定になったときの速さを v_f として，運動量保存則より

$$m_1 v_0 = (m_1 + m_2) v_f \qquad \therefore \quad v_f = \frac{m_1 v_0}{m_1 + m_2}$$

(4) **L_1，L_2 の運動エネルギーの減少量が，L_1，L_2 の抵抗で発生したジュール熱となる**。また，L_1，L_2 の抵抗に流れる電流の強さは常に等しく，抵抗値も同じなので，発生するジュール熱は等しい。ゆえに，L_1 で発生したジュール熱を J_1 とすると，J_1 は，L_1，L_2 の運動エネルギーの減少量の $\frac{1}{2}$ である。ゆえに

$$J_1 = \frac{1}{2} \times \left\{ \frac{1}{2} m_1 v_0{}^2 - \frac{1}{2} (m_1 + m_2) v_f{}^2 \right\} = \frac{m_1 m_2 v_0{}^2}{4(m_1 + m_2)}$$

右図のように，鉛直上向き（紙面の裏から表への向き）の一様な磁束密度 B の磁場中に，2本の導体レールが同一水平面上に距離 l だけ隔てて平行に置かれている。レールの左端には，抵抗値 R の抵

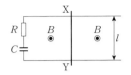

抗と電気容量 C のコンデンサーが直列に接続されている。レールの上には，質量 m の導体棒 XY が置かれている。この導体棒は，常にレールに直交したままレール上をなめらかに動く。レールと導体棒の抵抗，および回路の自己インダクタンスは無視できるとする。時刻 $t=0$ で，コンデンサーの電荷を 0 にして，導体棒を右向きに初速度 v_0 で動かした。

(1) 初速度 v_0 で導体棒が動き出した直後に，導体棒に流れる(a)電流の強さと(b)電流の向きを答えよ。

　十分な時間が経過する前のある時刻 t では，導体棒には強さ I の電流が流れ，導体棒は右向きに速さ v で動いている。このときコンデンサーには電荷 Q が蓄えられている。

(2) コンデンサーの電圧，抵抗の電圧降下，および導体棒での誘導起電力の間に成り立つ関係式を文中の記号を用いて答えよ。

(3) 導体棒にはたらく磁場からの(a)力の大きさと(b)力の向きを答えよ。

(4) 導体棒の右向きの加速度を a として，導体棒の運動方程式を答えよ。

(5) 短い時間 Δt の間に，導体棒の運動量とコンデンサーの電荷はそれぞれ Δp と ΔQ だけ変化する。この運動量の変化は Δt の間にはたらいた力積に等しいことから，Δp は ΔQ の何倍になるかを答えよ。

　十分な時間が経過すると，導体棒は右向きに一定の速度で動くようになり，コンデンサーには一定の電荷 z が蓄えられる。

(6) 導体棒が一定の速度で動くことから，その速さを求めよ。

(7) (5)で求めた関係式を用いて，導体棒の速さを求めよ。

(8) (6)と(7)から，コンデンサーの電荷 z を求めよ。

⟫ 設問別難易度：(1)😊😊⬜⬜⬜　(2)〜(4), (6)😐😐😐⬜⬜　(5), (7), (8)😐😐😐😐⬜

Point | $\Delta y = C\Delta x$　≫ (5), (7)

　ある物理量 x，y の変化量 Δx と Δy が，C を定数として

$$\Delta y = C\Delta x$$

の関係があるとき，y の変化量は，x の変化量の C 倍となる。Δx，Δy が微小量でなくてもよい。x が $x_1 \to x_2$ に変化すると，y が $y_1 \to y_2$ に変化する場合

$$y_2 - y_1 = C(x_2 - x_1)$$

が成り立つ。

解答 (1) 導体棒に発生する起電力の大きさは $v_0 Bl$ で，向きはフレミングの右手の法則より X→Y である。初め，**コンデンサーに電荷は存在せず，極板間の電圧は 0 なので**，電流の強さを I_0 とすると，キルヒホッフの第2法則より

$$v_0 Bl = RI_0 + 0 \quad \therefore \quad I_0 = \frac{v_0 Bl}{R}$$

(a)電流の強さ：$I_0 = \dfrac{v_0 Bl}{R}$ ，(b)電流の向き：X→Y

(2) 導体棒には X→Y 向きで大きさ vBl の起電力が発生する。コンデンサーの下側の極板に $+Q$，上側の極板に $-Q$ の電荷が蓄えられているとする。**極板間の電圧は $\dfrac{Q}{C}$ なので**，X→Y 向きの電流を I として，**キルヒホッフの第2法則**より

$$vBl = RI + \frac{Q}{C} \quad \cdots ①$$

(3) 磁場から電流にはたらく力の大きさは IBl で，フレミングの左手の法則より，向きは左向きである。

(a)力の大きさ：IBl ，(b)力の向き：左向き

(4) 右向きを正とするので，運動方程式は

$$ma = -IBl$$

(5) 時間 Δt の間にはたらく**磁場からの力の力積は，右向きを正とすると $-IBl\Delta t$ で，これが導体棒の運動量の変化量 Δp となるので**

$$\Delta p = -IBl\Delta t$$

この間，コンデンサーに蓄えられる電荷の変化量は **$\Delta Q = I\Delta t$ なので**，これを代入して

$$\Delta p = -Bl\Delta Q \quad \cdots ②$$

これより，Δp は ΔQ の $-Bl$ 倍である。

(6) 導体棒にはたらく水平方向の力は，磁場から電流にはたらく力のみである。導体棒の速度が一定なので，磁場からの力は 0 である。ゆえに**電流が 0 で，抵抗の両端の電圧は 0 となり，導体棒の起電力とコンデンサーの極板間の電圧が等しくなる。**一定となったときの速さを v_f として，①式に $v = v_f$，$I = 0$，$Q = z$ を代入すると

$$v_f Bl = \frac{z}{C} \quad \therefore \quad v_f = \frac{z}{CBl} \quad \cdots ③$$

(7) ②式より，**導体棒の運動量の変化量と，電荷の変化量が比例**する。運動量が mv_0 から mv_f に，電荷が 0 から z に変化するので

$$mv_f - mv_0 = -Bl(z-0) \qquad \therefore \quad v_f = v_0 - \frac{Bl}{m}z \quad \cdots ④$$

(8) ③，④式より

$$\frac{z}{CBl} = v_0 - \frac{Bl}{m}z \qquad \therefore \quad z = \frac{CBlmv_0}{m + CB^2l^2}$$

問題49　難易度：😁😁😁😁😁

　図1のように，間隔dで鉛直な2本の導体レールがある。2本の導体レールがつくる面に垂直で図の向きに，磁束密度Bの一様な磁場がかけられている。レールの上端部には，いずれも内部抵抗の無視できる電気容量Cのコンデンサー，自己インダクタンスLのコイルがあり，スイッチSを切り替えることで，2本のレール間に接続できるようになっている。長さdで質量mの導体棒MNがある。導体棒は，両端がそれぞれレールに接した状態で，水平を保ったまま，レールから外れることなく鉛直方向に移動することができる。重力加速度の大きさをgとし，

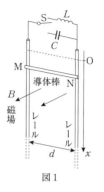

図1

導体棒，レールおよびその他の導線の電気抵抗は無視できるものとする。また，コイル以外の自己誘導の影響は無視できるものとする。

　初め，導体棒を静止させて静かに手をはなす。導体棒の初めの位置を原点Oにとり，鉛直下向きを正としてx軸をとる。

A．レール間に，コンデンサーが接続されている場合を考える。

(1)　導体棒の速さがvのとき，コンデンサーに蓄えられる電荷の電気量Qを求めよ。

(2)　導体棒の速さが時間ΔtでvからΔvだけ変化したとする。このときQがΔQだけ変化したとすると，導体棒に流れる電流の強さIは，$I = \dfrac{\Delta Q}{\Delta t}$と表せる。このことを利用して，$I$を$d$，$B$，$C$，$\Delta v$，$\Delta t$を用いて表せ。

(3)　導体棒の加速度をaとする。導体棒の運動方程式を，d，B，m，g，I，aを用いて表せ。

(4)　aをd，B，C，m，gを用いて表せ。ただし，加速度$a = \dfrac{\Delta v}{\Delta t}$であることを利用せよ。

(5)　導体棒が$x = h$の位置を通過するとき，導体棒の速さを求めよ。

B．レール間に，コイルが接続されている場合を考える。導体棒がレール上を落下しているとき，微小な時間Δtの間に導体棒がΔxだけ変位し，その間，電流がΔIだけ変化した。ただし，N→Mの向きの電流を正とする。

(6)　導体棒とコイルの起電力について，キルヒホッフの法則より成り立つ関係を考え，ΔIをd，B，L，Δxを用いて答えよ。ただし，導体棒の速さは$\dfrac{\Delta x}{\Delta t}$であることに留意せよ。

(7) 導体棒の位置座標が x のとき，導体棒に流れる電流の強さを求めよ。

(8) 導体棒の位置座標が x のとき，導体棒の加速度を a' とする。導体棒の運動方程式を，d，B，L，m，g，x，a' を用いて表せ。

(9) 導体棒は往復運動をする。導体棒が最も下がる点の位置座標と，往復運動の周期を求めよ。

設問別難易度：(1) ☺☺ ☐☐☐ (2),(3),(5) ☺☺☺☐☐ (4),(6)〜(9) ☺☺☺☺☐

Point 1 : 電流と電荷 ≫ (2)

コンデンサーに蓄えられている電荷 Q が，微小時間 Δt で ΔQ だけ変化するとき，コンデンサーに流れ込む電流 I は

$$I = \frac{\Delta Q}{\Delta t}$$

となる。ただし，正負の符号に注意すること。例えば，右図のように，いずれもコンデンサーの上側に正電荷が蓄えられるときを基準として，矢印の向きを電流の正の向きとすると，電流を示す式の正負が逆になる。

$$I = \frac{\Delta Q}{\Delta t} \qquad I = -\frac{\Delta Q}{\Delta t}$$

Point 2 : 起電力のみのときのキルヒホッフの第2法則 ≫ (6)

本問の B の場合，導体棒，レール，コイルで回路を形成するが，回路中に電圧降下を生じさせるものがなく，起電力（導体棒，コイル）しかない。この場合，キルヒホッフの第2法則は

$$起電力の和 = 0$$

となる。

解答 **(1)** 導体棒に発生する起電力の大きさを V とすると，$V = vBd$ で，これがコンデンサーの極板間の電圧となるので

$$Q = CV = CvBd$$

なお，フレミングの右手の法則より，起電力の向きは N→M で，M が電位が高く，コンデンサーの M 側の極板に正電荷 $+Q$ が蓄えられる。

(2) 導体棒の速さが $v + \Delta v$ となったとき，コンデンサーに蓄えられる電荷は

$$Q + \Delta Q = CBd(v + \Delta v)$$

となるので

$$\Delta Q = CBd\Delta v$$

これより，電流 I は

$$I = \frac{\Delta Q}{\Delta t} = CBd\frac{\Delta v}{\Delta t} \quad \cdots ①$$

なお，導体棒が下向きに加速している間は，$\Delta v > 0$ より $\Delta Q > 0$ なので，コンデンサーの M 側の極板の電荷が増える。ゆえに，電流の向きは N→M である。

(3) フレミングの左手の法則より，磁場からの大きさ IBd の力が鉛直上向きにはたらく。よって運動方程式は

$$ma = mg - IBd \quad \cdots ②$$

(4) ②式に①式の I を代入する。

$$ma = mg - CB^2d^2\frac{\Delta v}{\Delta t}$$

ここで，$a = \dfrac{\Delta v}{\Delta t}$ なので

$$ma = mg - CB^2d^2a \qquad \therefore \quad a = \frac{mg}{m + CB^2d^2}$$

(5) (4)で求めた a の右辺に含まれる物理量は全て定数なので，加速度は一定で，導体棒は等加速度直線運動をする。ゆえに h だけ落下したときの導体棒の速さを v_1 とすると，等加速度直線運動の公式より

$$v_1{}^2 - 0 = 2ah \qquad \therefore \quad v_1 = \sqrt{2ah} = \sqrt{\frac{2mgh}{m + CB^2d^2}}$$

(6) 導体棒の速さを v とすると，起電力 V は N→M の向きを正として

$$V = vBd = Bd\frac{\Delta x}{\Delta t}$$

また，コイルに発生する起電力を V_L とすると，$V_L = -L\dfrac{\Delta I}{\Delta t}$ であるから，

キルヒホッフの第2法則より

$$V + V_L = 0$$

$$Bd\frac{\Delta x}{\Delta t} - L\frac{\Delta I}{\Delta t} = 0 \qquad \therefore \quad \Delta I = \frac{Bd}{L}\Delta x \quad \cdots ③$$

(7) ③式は，**導体棒に流れる電流の変化量と導体棒の変位が比例する**ことを示している。導体棒は $x = 0$ の位置から電流 0 の状態で動き始める。ゆえに，位置座標 x のときの電流 I は，③式より

$$I - 0 = \frac{Bd}{L}(x - 0) \qquad \therefore \quad I = \frac{Bd}{L}x \quad \cdots ④$$

(8) N→M 向きの電流が I のとき，磁場から導体棒にはたらく力は鉛直下向きを正として $-IBd$ である。運動方程式を作って

$$ma' = mg - IBd$$

④式の I を代入すると

$$ma' = mg - \frac{B^2 d^2}{L}x \quad \cdots ⑤$$

(9) **⑤式は，導体棒が単振動をすることを示している**。単振動の中心の位置座標を x_0 とすると

$$0 = mg - \frac{B^2 d^2}{L}x_0 \qquad \therefore \quad x_0 = \frac{mgL}{B^2 d^2}$$

$x=0$ で導体棒の速さは 0 で単振動の上端であるので，振幅は x_0 である。ゆえに下端の位置座標を x_1 とすると

$$x_1 = 2x_0 = \frac{2mgL}{B^2 d^2}$$

単振動の周期を T とすると

$$T = 2\pi \sqrt{\frac{m}{\dfrac{B^2 d^2}{L}}} = \frac{2\pi \sqrt{mL}}{Bd}$$

電磁気

SECTION 5

　図1のように，xy 平面上で，原点 O を中心とする半径 r の円形に導線を1回巻いたコイルがある。コイルの抵抗値は R である。z 軸正の向きに，強さが z 軸からの距離とともに変わる磁場を加える。

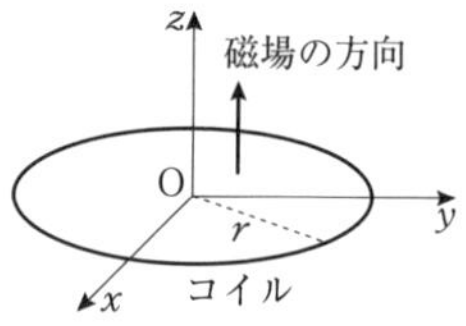

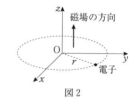

図1

　初め，z 軸から半径 r 内の磁束密度の平均が，$\overline{B}$ であるとする。

(1)　このときコイルを貫く磁束を求めよ。

　時間 Δt の間に，半径 r 内の磁束密度の平均が $\overline{B}$ から $\overline{B}+\overline{\Delta B}$ に増加した。

(2)　このとき，コイルに流れる電流の強さと，z 軸正の向きから見た電流の向きを答えよ。

　図2のように，コイルを取り去り，代わりに電子（質量 m，電荷 $-e$）を，O を中心とする半径 r の円運動をさせる。円軌道上での磁束密度の大きさは一定で B であった。

(3)　電子が円運動するためには，z 軸正の向きから見てどの方向に速度を与えなければならないかを答えよ。また，電子の速さ v を求めよ。

図2

　時間 Δt の間に，半径 r 内の磁束密度の平均が $\overline{B}$ から $\overline{B}+\overline{\Delta B}$ に増加した。このとき，半径 r の円軌道上に，導線はなくても電磁誘導により誘導起電力が生じる。この起電力により，軌道上には円周に沿って円の接線方向に，一定の大きさの電場が生じる。円の一周で

　　　（誘導起電力）＝（電場の大きさ）×（距離）

と考えることができる。

(4)　電場の大きさと，z 軸正の向きから見た電場の向きを答えよ。

(5)　電子は電場により加速される。時間 Δt の間の電子の速度変化 Δv を，$\overline{\Delta B}$，m，e，r を用いて表せ。

　電子の速度が Δv だけ変化したとき，軌道半径が r から変化しないためには，円軌道上の磁束密度も B から $B+\Delta B$ に変化する必要がある。

(6)　ΔB を，Δv，m，e，r を用いて表せ。

(7)　電子が半径 r の円軌道を維持したまま加速するための，$\overline{\Delta B}$ と ΔB の間に成り立つ関係を求めよ。

🔑設問別難易度：(1), (3) 💀💀💀◻︎◻︎◻︎　(2) 💀💀💀💀　(4)〜(7) 💀💀💀💀💀

Point | **ベータトロン** ≫ (3)〜(7)

コイルがなくても，磁場が変化すれば磁場を回り込むような電場ができる。磁場を回り込む円に沿った電場の大きさに，円周の長さをかけると，誘導起電力と一致する。一定の半径の円周上を運動している電子を，このような電場を用いて加速する装置をベータトロンという。問題文の説明をしっかり読んで考えることが大切である。

解答 (1) コイルを貫く**磁束を Φ とすると，磁束密度の平均にコイルの面積をかけ**ればよいので

$$\Phi = \pi r^2 \overline{B}$$

(2) 磁束密度の変化を $\Delta\Phi$ とすると

$$\Delta\Phi = \pi r^2 (\overline{B} + \overline{\Delta B}) - \pi r^2 \overline{B} = \pi r^2 \overline{\Delta B}$$

電磁誘導の法則より，発生する起電力の大きさを V とすると

$$V = \left| \frac{\Delta\Phi}{\Delta t} \right| = \pi r^2 \frac{\overline{\Delta B}}{\Delta t}$$

流れる電流の強さを I とすると

$$I = \frac{V}{R} = \frac{\pi r^2}{R} \frac{\overline{\Delta B}}{\Delta t}$$

また，レンツの法則より，z 軸正の向きの磁場の増加を妨げるように起電力が発生する。ゆえに，電流の向きは，z 軸正の向きから見て**時計回り**。

(3) 電子はローレンツ力により円運動する。そのため，ローレンツ力が円の中心向きにはたらいていればよい。電子の電荷が負であることも考えて，フレミングの左手の法則より，電子の速度の向きは，z 軸正の向きから見て**反時計回り**。

ローレンツ力の大きさは evB であるから，円運動の運動方程式より，電子の速さ v を求める。

$$\frac{mv^2}{r} = evB \qquad \therefore \quad v = \frac{erB}{m} \quad \cdots ①$$

(4) 図3のように，**円の接線方向に，起電力の向きの電場ができると考えてよい**。電場の大きさを E とする。コイルの誘導起電力は(2)で求めた V であるので，問題文で与えられている式より

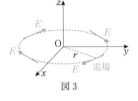

図3

$$V = 2\pi r E \qquad \therefore \quad E = \frac{V}{2\pi r} = \frac{r}{2} \frac{\overline{\Delta B}}{\Delta t}$$

電場の向きは，起電力の向きと同じで，z 軸正の向きから見て**時計回り**。

⑸ 電子は負電荷なので，電場の向きと逆向きに（つまり速度の向きに）大きさ eE の力を受ける。**時間 $\varDelta t$ の間の電子の運動量変化が，電場からの力による力積になる**ので

$$m\varDelta v=eE\varDelta t=e\times\frac{r}{2}\frac{\varDelta \overline{B}}{\varDelta t}\times\varDelta t=\frac{er\varDelta \overline{B}}{2} \quad \therefore \quad \varDelta v=\frac{er\varDelta \overline{B}}{2m} \quad \cdots②$$

⑹ 時間 $\varDelta t$ 後に電子の速さが $v+\varDelta v$ で，円軌道上の磁束密度が $B+\varDelta B$ であるので，⑶と同様にして，円運動の運動方程式は

$$\frac{m(v+\varDelta v)^2}{r}=e(v+\varDelta v)(B+\varDelta B)$$

これと①式を用いて，$\varDelta B$ を求めると

$$\varDelta B=\frac{m\varDelta v}{er} \quad \cdots③$$

⑺ ②，③式より，$\varDelta v$ を消去すると

$$\varDelta B=\frac{\varDelta \overline{B}}{2}$$

$\varDelta B$ と $\varDelta \overline{B}$ が，この関係を満たしたまま変化すれば，電子は一定の半径のまま加速される。

問題51 難易度：🙂🙂🙂🙁🙁🙁

　図1のように，起電力 E で内部抵抗の無視できる電池，抵抗値がそれぞれ r, $2r$ の抵抗1，抵抗2，自己インダクタンス L のコイル，およびスイッチSからなる回路がある。各抵抗とコイルに流れる電流をそれぞれ図の向きを正として I_1, I_2, I_3 とする。

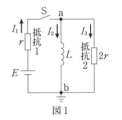

図1

　初め，開いていたSを閉じた。

(1)　Sを閉じた直後の I_2, I_3 および点aの電位を求めよ。

　少し時間が経過したとき，I_3 が(1)で求めた値の $\dfrac{1}{2}$ となった。

(2)　このときの I_1, I_2 を求めよ。

(3)　このときコイルに発生する自己誘導起電力の大きさと，I_2 の時間変化率 $\left(微小時間 \mathit{\Delta} t \text{ の間の } I_2 \text{ の変化量を } \mathit{\Delta} I_2 \text{ として，} \dfrac{\mathit{\Delta} I_2}{\mathit{\Delta} t}\right)$ を求めよ。

　十分に時間が経過し，各電流が一定値となった。

(4)　このときの I_1 およびコイルに蓄えられている磁気エネルギーを求めよ。

　次に，Sを開いた。

(5)　Sを開いた直後の I_3，点aの電位，I_2 の時間変化率を求めよ。

(6)　十分に時間が経過するまでの間に，抵抗2で発生するジュール熱を求めよ。

設問別難易度：(1)🙂🙂⬜⬜⬜　(2)～(6)🙂🙂🙂⬜⬜

Point 1 ┊ **自己誘導と電流**　》 (1), (5)

　コイルに流れる電流が変化するとき，電流の変化を妨げる向きに自己誘導起電力が発生する。そのため，コイルに流れる電流は，急にも不連続にも変化しない。スイッチの切り替えなどの際，切り替えの直前と直後でコイルに流れる電流は同じである。

Point 2 ┊ **自己誘導起電力の正の向き**　》 (3), (5)

　コイルの自己誘導起電力 V_L の正の向きは，電流 I の正の向きと同じ向きに決めるのが正しい決め方である。右図で，矢印の向きを電流の正の向きとすると，aに対するbの電位を V_L と決めることになる。正しく決めた場合，自己誘導の公式

$$V_L = -L\dfrac{\mathit{\Delta} I}{\mathit{\Delta} t}$$

が，符号も含めて成り立つ。ただし，L はコイルの自己インダクタンスである。

解答 (1) **S を閉じる直前と直後でコイルを流れる電流 I_2 は急に変化しないので**

$$I_2 = 0$$

また，**キルヒホッフの第 2 法則**より

$$E = rI_1 + 2rI_3 \quad \cdots ①$$

$I_2 = 0$ より $I_1 = I_3$ なので，①式に代入して

$$I_3 = \frac{E}{3r}$$

a の電位を V_a とすると

$$V_a = 2rI_3 = \frac{2E}{3}$$

参考 図 1 の I_2 の向きを電流の正の向きとすると，a に対する b の電位がコイルの自己誘導起電力 V_L である。ゆえに，S を閉じた瞬間の V_L は

$$V_L = -V_a = -\frac{2E}{3} < 0$$

で，自己誘導起電力は負となる。時間を Δt，電流の変化を ΔI_2 として

$$V_L = -L\frac{\Delta I_2}{\Delta t}$$

より，$V_L < 0$ であれば，$\Delta I_2 > 0$ である。これは，スイッチを入れた瞬間（直後）は $I_2 = 0$ だが，その後 I_2 は増えていくことを示している。

(2) $I_3 = \dfrac{E}{6r}$ となったときを考える。**キルヒホッフの第 2 法則**より

$$E = rI_1 + 2rI_3$$

I_3 を代入して I_1 を求めると

$$E = rI_1 + 2r \times \frac{E}{6r} \qquad \therefore \quad I_1 = \frac{2E}{3r}$$

また，**a でのキルヒホッフの第 1 法則**より

$$I_1 = I_2 + I_3 \qquad \therefore \quad I_2 = I_1 - I_3 = \frac{E}{2r}$$

(3) a の電位を V_a として

$$V_a = 2rI_3 = \frac{E}{3}$$

である。**自己誘導起電力 V_L の大きさは，ab 間の電圧**なので

$$|V_L| = \frac{E}{3}$$

図 1 の I_2 の向きを電流の正の向きとすると，V_L は a を基準とした b の電位である。ゆえに，この場合

$$V_L = -\frac{E}{3}$$

である。自己誘導の公式より

$$V_L = -L\frac{\Delta I_2}{\Delta t} \qquad \therefore \quad \frac{\Delta I_2}{\Delta t} = -\frac{V_L}{L} = \frac{E}{3L}$$

$\left(\dfrac{\Delta I_2}{\Delta t} > 0 \ \text{より，電流} \ I_2 \ \text{は増加していくことがわかる。} \right)$

(4) **電流が一定となると，コイルの自己誘導起電力は 0 となる。**抵抗 2 の電圧も 0 となるので，$I_3 = 0$ である。抵抗 1 にかかる電圧が E となるので

$$I_1 = \frac{E}{r}$$

$I_3 = 0$ より $I_1 = I_2$ となる。コイルに蓄えられている磁気エネルギーを U とすると

$$U = \frac{1}{2}LI_2{}^2 = \frac{LE^2}{2r^2}$$

(5) **S を開いた直後，コイルに流れる電流は急に変化しな**

いので，$I_2 = \dfrac{E}{r}$ である。S が開いているので電池，抵

抗 1 には電流が流れず，図 2 のように強さ I_2 の電流が
抵抗 2 に負の向きに流れる。ゆえに

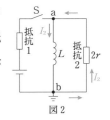

図 2

$$I_3 = -I_2 = -\frac{E}{r}$$

電流の向きに注意して a の電位を求めると，b よりも低くなり

$$V_a = -|I_3| \times 2r = -2E$$

自己誘導起電力（a を基準とした b の電位）$V_L = 2E$ より

$$V_L = -L\frac{\Delta I_2}{\Delta t} \qquad \therefore \quad \frac{\Delta I_2}{\Delta t} = -\frac{V_L}{L} = -\frac{2E}{L}$$

$\left(\dfrac{\Delta I_2}{\Delta t} < 0 \ \text{より，電流} \ I_2 \ \text{は減少していくことがわかる。} \right)$

(6) 十分に時間が経過すると，コイルに流れる電流は 0 となる。この間，コイルに蓄えられていた磁気エネルギーが抵抗 2 で消費されてジュール熱となるので，ジュール熱を J として

$$J = U = \frac{LE^2}{2r^2}$$

図1のように，長さ l，断面積 S の円筒に，細い被覆導線を N_1 回巻いたコイル1がある。円筒内部の透磁率は μ_0 である。コイル1の長さは円筒の直径に比べて十分に長く，電流を流したときに円筒内には一様な磁場ができるものとする。

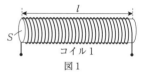

図1

(1) コイル1に強さ I_1 の電流を流したとき，コイル1の内部を貫く磁束を求めよ。

(2) 微小な時間 Δt の間にコイル1を流れる電流が ΔI_1 だけ変化した。コイル1に発生する起電力の大きさを求めよ。

(3) コイル1の自己インダクタンスを求めよ。

次に，図2に示すようにコイル1の外側に，被覆導線を N_2 回巻いてコイル2を作り，抵抗値 R の抵抗を接続した。導線を巻く向きはコイル1と同じである。コイル1に流す電流 I_1 について，図中の矢印の向きを正とする。

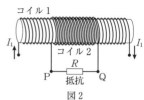

図2

(4) 時間 Δt でコイル1を流れる電流が ΔI_1 だけ変化した。ただし，$\Delta I_1 > 0$ とする。このとき，抵抗に流れる電流の強さと向きを答えよ。

(5) コイル1，2の相互インダクタンス M を求めよ。

ここで，$R = 20\,\Omega$，$M = 0.30\,\mathrm{H}$ とする。I_1 を，時刻 t で図3のように変化させた。

(6) 抵抗に流れる電流を図3と同じ時間軸でグラフに描け。ただし，抵抗に対して $Q \to P$ 向きの電流を正とし，コイル2の自己誘導の影響はないものとする。

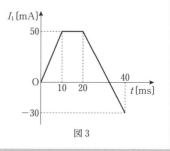

図3

設問別難易度：(1),(6) 🙂🙂◯◯◯　(2)〜(5) 🙂🙂🙂◯◯

Point 1　自己誘導，相互誘導 ≫ (2)〜(6)

　コイルに発生する起電力 V は，電磁誘導の法則より，磁束 Φ の変化量 $\Delta\Phi$ に比例する。コイルの場合，Φ は電流 I に比例するので，結局，起電力 V は，電流の変化 ΔI に比例する。比例定数が自己インダクタンス，または相互インダクタンスである。ソレノイド内の磁場を考えて，比例定数を求める。

Point 2 $y=Ax+B$ の変化量　　≫ (2), (4)

A, B を定数として，変数 y, x の間に，$y=Ax+B$ の関係があるとき，x が微小量 Δx だけ変化したときの y の変化量 Δy は

$$\Delta y=A\Delta x$$

となる。本問の磁束と電流の関係がこれに該当する（ただし，$B=0$ である）。

解答 (1) 単位長さあたりの巻き数は $\dfrac{N_1}{l}$ なので，内部の磁場の磁束密度の大きさを B とすると

$$B=\frac{\mu_0 N_1 I_1}{l}$$

コイル 1 の断面積は S なので，内部を貫く磁束を Φ とすると

$$\Phi=BS=\frac{\mu_0 N_1 S I_1}{l}\quad\cdots①$$

(2) 電流の変化が ΔI_1 のときの，磁束 Φ の変化を $\Delta\Phi$ とすると，①式より

$$\Delta\Phi=\frac{\mu_0 N_1 S}{l}\Delta I_1\quad\cdots②$$

これより，コイル 1 に発生する起電力の大きさを V_1 とすると

$$V_1=\left|-N_1\frac{\Delta\Phi}{\Delta t}\right|=\frac{\mu_0 N_1{}^2 S}{l}\frac{\Delta I_1}{\Delta t}\quad\cdots③$$

(3) 自己インダクタンスを L として，自己誘導起電力の大きさ V_1 は

$$V_1=\left|-L\frac{\Delta I_1}{\Delta t}\right|=L\frac{\Delta I_1}{\Delta t}$$

である。ゆえに，③式より

$$L=\frac{\mu_0 N_1{}^2 S}{l}$$

(4) コイル 2 の内部の磁束は，コイル 1 のつくる磁束 Φ で，磁束の変化 $\Delta\Phi$ は②式となる。コイル 2 に発生する起電力の大きさを V_2 とすると

$$V_2=\left|-N_2\frac{\Delta\Phi}{\Delta t}\right|=\frac{\mu_0 N_1 N_2 S}{l}\frac{\Delta I_1}{\Delta t}\quad\cdots④$$

ゆえに，抵抗に流れる電流の強さを I_2 とすると

$$I_2=\frac{V_2}{R}=\frac{\mu_0 N_1 N_2 S}{Rl}\frac{\Delta I_1}{\Delta t}$$

コイル 2 の電流の正の向きを，コイル 1 と同じ向きにする。つまり，抵抗に対して Q→P 向きの電流を正とする。コイル 1，2 の巻く向きは同じなので，$\Delta I_1>0$ のとき，コイル 2 に発生する起電力は，レンツの法則より磁束

の変化を妨げる向きなので，コイル2に負の向きの電流が流れる向きである。ゆえに，抵抗に流れる電流の向きは $P \to Q$ である。

（参考） $I_1 > 0$ のとき，図2よりコイル内部にできる磁束は右向きで，$\Delta I_1 > 0$ のとき，右向きの磁束が増加するので，それを妨げるように抵抗では $P \to Q$ の電流が流れるように起電力が発生する。$I_1 < 0$ のときは磁束は左向きで，$\Delta I_1 > 0$ のとき，電流が減少して左向きの磁束が減少するので，それを妨げるように抵抗では $P \to Q$ の電流が流れるように起電力が発生する。いずれの場合も，$\Delta I_1 > 0$ のとき，抵抗に流れる電流の向きは $P \to Q$ である。

(5) コイル2の自己誘導起電力の大きさ V_2 と，コイル1，2の相互インダクタンス M の関係は

$$V_2 = \left| -M \frac{\Delta I_1}{\Delta t} \right| = M \frac{\Delta I_1}{\Delta t}$$

である。ゆえに④式より

$$M = \frac{\mu_0 N_1 N_2 S}{l}$$

(6) 電流 I_1 の変化率が一定な区間を以下の(i)〜(iii)に分けて，コイル2に発生する起電力の大きさ V_2 を求め，向きを考えてオームの法則より抵抗に流れる電流を求める。抵抗に流れる電流を I_2 とする。

(i) $t = 0 \sim 10\,\mathrm{ms}$

$$V_2 = 0.30 \times \frac{50 \times 10^{-3} - 0}{10 \times 10^{-3} - 0} = 1.5\,\mathrm{V}$$

コイル1，2を貫く右向きの磁束が増加するので，レンツの法則より I_2 の向きは $P \to Q$ で負の向きなので

$$I_2 = -\frac{1.5}{20} = -0.075\,\mathrm{A} = -75\,\mathrm{mA}$$

(ii) $t = 10 \sim 20\,\mathrm{ms}$

I_1 が変化しないので，誘導起電力は発生せず，抵抗にも電流は流れない。

(iii) $t = 20 \sim 40\,\mathrm{ms}$

$$V_2 = \left| 0.30 \times \frac{(-30 - 50) \times 10^{-3}}{(40 - 20) \times 10^{-3}} \right| = 1.2\,\mathrm{V}$$

コイル1，2を貫く右向きの磁束が減少するので，レンツの法則より I_2 の向きは $Q \to P$ で正の向きなので

$$I_2 = \frac{1.2}{20} = 0.060\,\mathrm{A} = 60\,\mathrm{mA}$$

これらをグラフにすると図4のようになる。

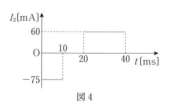

図4

6 交流回路

問題53 難易度：☺☺☺◯◯

図1のように，磁束密度 B の一様な磁場中に，長方形コイル abcd があり，磁場と垂直な回転軸を中心に，一定の角速度 ω で回転させる。コイルの各辺の長さは，ab＝cd＝l，ad＝bc＝r である。a は集電子 Q に，d は集電子 P に接続されている。図2は集電子側からコイルを見た図である。図2中の矢印 A は，面 abcd に立てた垂線で，A が磁場の向きと一致する時刻を $t＝0$ とし，時刻 t の状態を示している。

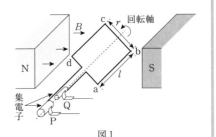

図1

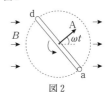

図2

(1) 時刻 t のとき，コイルを貫く磁束 Φ を求めよ。

(2) 時刻 t から微小時間 Δt が経過したとき，コイルを貫く磁束が $\Phi＋\Delta\Phi$ となった。$\Delta\Phi$ を求めよ。ただし，$\omega\Delta t \ll 1$ とし，θ が1より十分小さいとき，$\sin\theta \fallingdotseq \theta$，$\cos\theta \fallingdotseq 1$ と近似できることを利用せよ。

(3) 時刻 t でコイルに発生している誘導起電力を求めよ。ただし，a→b→c→d の向きの起電力を正とする。

(4) PQ 間に抵抗値 R の抵抗を接続した。時刻 t で抵抗に流れる電流 I を求めよ。ただし，抵抗に P→Q 向きに流れる電流を正とする。

(5) 抵抗での消費電力の平均値を求めよ。

⦂設問別難易度：(1),(3)〜(5) ☺☺☺◯◯　(2) ☺☺☺☺◯

Point 1 三角関数の微小変化 ≫ (2)

三角関数の微小変化は，加法定理と近似を用いて求める。例えば x が t の関数で，A，α を定数として $x＝A\sin\alpha t$ と表される場合，t が微小量 Δt だけ変化したときの x は，sin を加法定理で展開し，かつ $\sin\alpha\Delta t \fallingdotseq \alpha\Delta t$，$\cos\alpha\Delta t \fallingdotseq 1$ を用いて

$$A\sin\alpha(t＋\Delta t)＝A(\sin\alpha t\cdot\cos\alpha\Delta t＋\cos\alpha t\cdot\sin\alpha\Delta t) \fallingdotseq A(\sin\alpha t＋\cos\alpha t\cdot\alpha\Delta t)$$

となる。これより x の変化量 Δx は

$$\Delta x＝A\sin\alpha(t＋\Delta t)－A\sin\alpha t \fallingdotseq A\alpha\cos\alpha t\cdot\Delta t$$

として求めることができる（$x=A\cos\alpha t$ の場合も同様にして求めることができる）。
または，微分を用いてもよい。

$$\Delta x=\frac{dx}{dt}\Delta t=A\alpha\cos\alpha t\cdot\Delta t$$

交流回路では，抵抗のみが電力を消費する。抵抗の電圧と電流の最大値を V_0，I_0，
実効値を V_e，I_e，抵抗値を R とすると，消費電力の時間平均 $\overline{P}$ は

$$\overline{P}=\frac{V_0I_0}{2}=\frac{RI_0{}^2}{2}=\frac{V_0{}^2}{2R}=V_eI_e=RI_e{}^2=\frac{V_e{}^2}{R}$$

解答 (1) 図3のように，辺 ad の，磁場に垂直方向の長さ
　　は $r\cos\omega t$ なので，磁場の方向から見たコイルの面
　　積を S とすると，$S=rl\cos\omega t$ となる。ゆえに

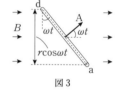

図3

$$\Phi=BS=Brl\cos\omega t \quad\cdots①$$

(2) ①式で，磁束を $\Phi+\Delta\Phi$，時刻を $t+\Delta t$ として

$$\Phi+\Delta\Phi=Brl\cos\omega(t+\Delta t)$$

加法定理より

$$\Phi+\Delta\Phi=Brl(\cos\omega t\cdot\cos\omega\Delta t-\sin\omega t\cdot\sin\omega\Delta t)$$

ここで，$\omega\Delta t$ は1より十分に小さいとして

$$\sin\omega\Delta t\fallingdotseq\omega\Delta t \quad,\quad \cos\omega\Delta t\fallingdotseq1$$

と近似できるから

$$\Phi+\Delta\Phi\fallingdotseq Brl(\cos\omega t-\omega\sin\omega t\cdot\Delta t)$$

①式も用いて

$$\Delta\Phi=(\Phi+\Delta\Phi)-\Phi\fallingdotseq-Brl\omega\sin\omega t\cdot\Delta t \quad\cdots②$$

参考 ①式は，磁束 Φ が時刻 t の関数 $\Phi(t)$ であることを示している。ゆ
えに，微小時間 Δt での磁束の変化量 $\Delta\Phi$ は

$$\Delta\Phi=\Phi'(t)\Delta t$$

となる。$\Phi'(t)$ は，①式の Φ を t で微分して

$$\Phi'(t)=\frac{d\Phi}{dt}=-Brl\omega\sin\omega t$$

となるので

$$\Delta\Phi=-Brl\omega\sin\omega t\cdot\Delta t$$

(3) 電磁誘導によりコイルに発生する起電力を V とすると，②式も用いて

$$V = -\frac{\Delta\Phi}{\Delta t} = Brl\omega\sin\omega t \quad \cdots ③$$

（磁場の向きと起電力の向きが正しく決められているので，公式をそのまま使えばよい。向きに自信がなければ，起電力の大きさを $|V| = \left|\frac{\Delta\Phi}{\Delta t}\right|$ で考え，向きはレンツの法則から考えればよい。例えば，図1の状態でコイルが少し回転すると，右向きの磁束が減少する。ゆえに，この状態で発生する起電力は右向きの磁束を増やすように a→b→c→d となって，正となる。）

別解　コイルの辺 ab，cd が，半径 $\frac{r}{2}$ で円運動をし，それぞれが磁場を横切る導体棒となっている。図4のように，それぞれの導体棒の速度の，磁場に垂直な成分を考えて，辺 ab，cd に発生する起電力をそれぞれ V_{ab}（a→b を正），V_{cd}（c→d を正）とすると

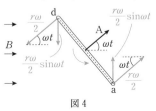

図4

$$V_{ab} = \frac{r\omega}{2}\sin\omega t \times Bl = \frac{Brl\sin\omega t}{2}$$

$$V_{cd} = \frac{r\omega}{2}\sin\omega t \times Bl = \frac{Brl\sin\omega t}{2}$$

コイルの辺 ab，cd 以外の部分は磁場を横切らないので起電力が発生しない。ゆえに，コイル全体の起電力 V は，a→b→c→d を正として

$$V = V_{ab} + V_{cd} = Brl\omega\sin\omega t$$

(4)　コイルで発生した交流電圧が，抵抗にかかる。電圧，電流の瞬時値に対してもオームの法則が成り立つので

$$I = \frac{V}{R} = \frac{Brl\omega\sin\omega t}{R} \quad \cdots ④$$

(5)　抵抗の電圧，電流の最大値をそれぞれ V_0，I_0 とすると，③，④式より

$$V_0 = Brl\omega \quad , \quad I_0 = \frac{Brl\omega}{R}$$

抵抗の電圧，電流の実効値をそれぞれ V_e，I_e とすると

$$V_e = \frac{V_0}{\sqrt{2}} = \frac{Brl\omega}{\sqrt{2}} \quad , \quad I_e = \frac{I_0}{\sqrt{2}} = \frac{Brl\omega}{\sqrt{2}\,R}$$

ゆえに，消費電力の平均値を $\overline{P}$ とすると

$$\overline{P} = I_e V_e = \frac{(Brl\omega)^2}{2R}$$

重要

以下の空欄のア～キに入る適切な式を答えよ。

図1のように，交流電源に自己インダクタンス L のコイルを接続した。時刻 t における交流電源の Q に対する P の電位 V は，角周波数を ω として $V = V_0\sin\omega t$ と表される。コイルに流れる電流を，図の矢印の向きを正として I と表す。時刻 t での電流 I を求めると

図1

$$I = \boxed{\quad ア \quad} \quad \cdots ①$$

となる。

①式の I を以下のようにして求めてみよう。コイルに流れる電流 I が微小な時間 $\varDelta t$ の間に $\varDelta I$ だけ変化したとする。V，L，$\varDelta I$，$\varDelta t$ を用いて，この回路に対してキルヒホッフの第2法則より式を作ると

$$\boxed{\quad イ \quad} = 0 \quad \cdots ②$$

となる。ここで，I の最大値を I_0，V に対する位相のずれを δ として，$I = I_0\sin(\omega t + \delta)$ と表せるとする。時刻 t から微小な時間 $\varDelta t$ が経過した時刻 $t + \varDelta t$ での電流 I' は

$$I' = I_0\sin\{\omega(t + \varDelta t) + \delta\} = I_0\sin\{(\omega t + \delta) + \omega\varDelta t\}$$

である。三角関数の公式 $\sin(\alpha + \beta) = \sin\alpha\cos\beta + \cos\alpha\sin\beta$ を用いて展開し，さらに $\omega\varDelta t$ が微小な量として，$|x|$ が微小な量のときの三角関数の近似式 $\sin x \fallingdotseq x$，$\cos x \fallingdotseq 1$ を用いると

$$I' \fallingdotseq \boxed{\quad ウ \quad}$$

となる。ゆえに，時間 $\varDelta t$ での電流の変化 $\varDelta I$ は

$$\varDelta I = \boxed{\quad エ \quad}$$

となり，$\varDelta I$ を②式に代入して V を L，I_0，ω，t，δ を用いて表すと

$$V = \boxed{\quad オ \quad} \quad \cdots ③$$

となる。③式より，$I_0 = \boxed{\quad カ \quad}$，$\delta = \boxed{\quad キ \quad}$ である。以上より，I が①式となることが確認できる。

設問別難易度：ア ▷▷□□□　イ,エ,オ ▷▷▷□□　ウ,カ,キ ▷▷▷▷□

Point 1　交流電圧に対する電流 ≫ ア

コイルやコンデンサーに交流電圧をかけたとき，ある時刻での電圧と電流の関係を考えるためには，**A. 電圧，電流の最大値（または実効値）の関係**と，**B. 位相のずれ**を別々に考えればよい。

A．電圧，電流の最大値（または実効値）の関係

電圧，電流の最大値をそれぞれ V_0，I_0 とする。コイルやコンデンサーのリアクタンス（交流に対する抵抗値）を X とすると，オームの法則と同様の関係が成り立つ。

$$V_0 = X I_0$$

（実効値でも同じ関係が成り立つ。）

ただし，交流の角周波数を ω とし，コイルの自己インダクタンスを L，コンデンサーの電気容量を C とすると，リアクタンス X_L，X_C はそれぞれ

$$X_L = \omega L \quad , \quad X_C = \frac{1}{\omega C}$$

B．位相のずれ

電圧を基準として電流の位相のずれは

コイル：電流が $\dfrac{\pi}{2}$ 遅い　　　コンデンサー：電流が $\dfrac{\pi}{2}$ 早い

電流を基準として電圧の位相のずれを考えるときは，これと逆になるので注意する。

Point 2　電流，電圧の微小変化から考える　》イ〜キ

Point 1 のリアクタンスと位相のずれを覚えて解くことが原則だが，電流や電圧の微小時間での変化から，電流と電圧の関係を求める問題も多い。本問ではコイルについて，電流の微小変化から電圧を考えている。導き出した答えは，覚えていることと比較して確かめよう。

解答　ア．コイルの**リアクタンスは ωL** で，**電流は電圧より位相が $\dfrac{\pi}{2}$ 遅れている**ので

$$I = \frac{V_0}{\omega L}\sin\left(\omega t - \frac{\pi}{2}\right) = -\frac{V_0}{\omega L}\cos\omega t \quad \cdots ①$$

イ．コイルの自己誘導起電力を V_L とする（図2で，電流の正の向きを a→b とするので，V_L は図2の a→b の向きを正とする。つまり，a に対する b の電位を V_L とする）と，自己誘導の公式より $V_L = -L\dfrac{\varDelta I}{\varDelta t}$ である。

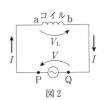

図2

回路中に電圧降下はなく，起電力のみなので，キルヒホッフの第2法則より

$$V + V_L = 0$$

$$\therefore\quad V - L\frac{\varDelta I}{\varDelta t} = 0 \quad \cdots ②$$

ウ．加法定理を用いて展開し，$\sin\omega\varDelta t \fallingdotseq \omega\varDelta t$，$\cos\omega\varDelta t \fallingdotseq 1$ を適用して

$$I' = I_0\sin\{(\omega t + \delta) + \omega\varDelta t\}$$
$$= I_0\{\sin(\omega t + \delta)\cos\omega\varDelta t + \cos(\omega t + \delta)\sin\omega\varDelta t\}$$
$$\fallingdotseq I_0\{\sin(\omega t + \delta) + \omega\cos(\omega t + \delta)\cdot\varDelta t\}$$

エ．電流の変化量 $\varDelta I$ は

$$\varDelta I = I' - I = I_0\{\sin(\omega t + \delta) + \omega\cos(\omega t + \delta)\cdot\varDelta t\} - I_0\sin(\omega t + \delta)$$
$$= \omega I_0\cos(\omega t + \delta)\cdot\varDelta t$$

オ．②式より V を求めて $\varDelta I$ を代入する。

$$V = L\frac{\varDelta I}{\varDelta t} = \omega L I_0\cos(\omega t + \delta) \quad \cdots③$$

カ．③式を変形して

$$V = \omega L I_0\sin\left(\omega t + \delta + \frac{\pi}{2}\right) \quad \cdots④$$

これが問題に与えられた $V = V_0\sin\omega t$ となる。最大値が等しいので

$$V_0 = \omega L I_0$$

$$\therefore \quad I_0 = \frac{V_0}{\omega L}$$

（参考） これより，コイルのリアクタンスは ωL とわかる。

キ．④式と $V = V_0\sin\omega t$ は，位相も一致するので

$$\delta + \frac{\pi}{2} = 0 \quad \therefore \quad \delta = -\frac{\pi}{2}$$

（参考） これより，コイルでは，電圧を基準として電流の位相が $\dfrac{\pi}{2}$ だけ遅れることがわかる。

なお，カ・キの結果より

$$I = I_0\sin(\omega t + \delta) = \frac{V_0}{\omega L}\sin\left(\omega t - \frac{\pi}{2}\right) = -\frac{V_0}{\omega L}\cos\omega t$$

となり，①式が確認できた。

ある物質の抵抗率と誘電率を求めるために，図1のように，面積 $S[\text{m}^2]$，間隔 $l[\text{m}]$ の平行極板の間に，極板全面にわたって隙間なくその物質を挿入する。これに交流電源をつなぎ，回路に流れる電流 $I[\text{A}]$ を測定することによって，この物質の抵抗率 $\rho[\Omega \cdot \text{m}]$ と

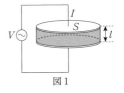

図1

誘電率 $\varepsilon[\text{F/m}]$ を求めることができる。時刻 $t[\text{s}]$ における交流電源の電圧は，角周波数 $\omega[\text{rad/s}]$ を用いて，$V = V_0 \sin\omega t [\text{V}]$ で表される。

(1) 極板間の抵抗 $R[\Omega]$ と電気容量 $C[\text{F}]$ を S, l, ρ, ε のうち必要なものを用いて表せ。

図1で表される回路は，図2のように，抵抗値 R の抵抗と電気容量 C のコンデンサーを並列に接続した回路に，交流電圧 V を加えた回路と同等である。

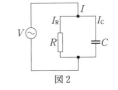

図2

(2) 時刻 $t[\text{s}]$ において，抵抗に流れる電流 $I_\text{R}[\text{A}]$ およびコンデンサーに蓄えられている電気量 $Q[\text{C}]$ を，それぞれ V_0, ω, t, R, C のうち必要なものを用いて求めよ。

(3) コンデンサーに蓄えられている電気量が，時刻 t から微小時間 $\Delta t[\text{s}]$ だけ経過する間に $\Delta Q[\text{C}]$ だけ変化したとすれば，コンデンサーを流れる電流 $I_\text{C}[\text{A}]$ は，$I_\text{C} = \dfrac{\Delta Q}{\Delta t}$ で表される。これを用いて次式を導け。

$$I_\text{C} = \omega C V_0 \cos\omega t$$

なお，$|x|$ が1に対して十分小さいとき，$\sin x \fallingdotseq x$ および $\cos x \fallingdotseq 1$ が成り立つことを用いよ。

(4) 回路に流れる全電流 I は，$I = I_0 \sin(\omega t + \varPhi)$ と表すことができる。I_0 および $\tan\varPhi$ を V_0, ω, R, C のうち必要なものを用いて表せ。

(5) (4)と(1)の結果を使って，極板の間に入れた物質の抵抗率 ρ と誘電率 ε を S, l, V_0, I_0, ω, $\varPhi$ のうち必要なものを用いて表せ。

Point 1 交流回路 ≫ (4)

交流回路であっても，電圧，電流の本質は変わらない。つまり交流回路の電圧，電流の瞬時値（ある時刻 t での値）に対してもキルヒホッフの法則が成り立つ。本問のように並列回路では素子に同じ電圧がかかるし，電流は和になる。瞬時値が三角関数で表現されていることに戸惑わず，直流回路と同じように考えればよい。

　抵抗に交流電圧をかけたときの電圧 V と電流 I の間には，瞬時値にもオームの法則が成り立つ。抵抗値を R として，$V=RI$ である。

　絶縁体と言われる物質でも，**完全な絶縁体（＝抵抗率無限大の物質）はなく，わずかに電流は流れる**。実際のコンデンサーは極板間に絶縁体があるが抵抗の性質ももつので，図2の回路のように**コンデンサーと抵抗を並列に接続した**ものと考えられる。

解答 (1)　抵抗値と電気容量は，それぞれ公式より

$$R=\rho\frac{l}{S}\,[\Omega]\quad\cdots\text{①}\quad,\quad C=\frac{\varepsilon S}{l}\,[\text{F}]\quad\cdots\text{②}$$

(2)　抵抗に流れる電流 I_R は，**オームの法則**より

$$I_R=\frac{V}{R}=\frac{V_0}{R}\sin\omega t\,[\text{A}]$$

コンデンサーの極板間の電圧は，電源の電圧と一致するので，蓄えられている電気量 Q は

$$Q=CV=CV_0\sin\omega t\,[\text{C}]$$

(3)　微小時間 Δt 後のコンデンサーに蓄えられた電荷を $Q'[\text{C}]$ とすると

$$Q'=CV_0\sin\omega(t+\Delta t)$$

加法定理を用いて展開し，近似式 $\sin\omega\Delta t\fallingdotseq\omega\Delta t$，$\cos\omega\Delta t\fallingdotseq1$ を適用して

$$Q'=CV_0(\sin\omega t\cdot\cos\omega\Delta t+\cos\omega t\cdot\sin\omega\Delta t)$$
$$\fallingdotseq CV_0(\sin\omega t+\omega\cos\omega t\cdot\Delta t)$$

これより

$$\Delta Q=Q'-Q=\omega CV_0\cos\omega t\cdot\Delta t$$

となる。電流 I_C は

$$I_C=\frac{\Delta Q}{\Delta t}=\omega CV_0\cos\omega t$$

参考　コンデンサーのリアクタンスは $\dfrac{1}{\omega C}$ で，コンデンサーに流れる電流は電圧より位相が $\dfrac{\pi}{2}$ だけ早いので

$$I_C=\frac{V_0}{\dfrac{1}{\omega C}}\sin\left(\omega t+\frac{\pi}{2}\right)=\omega CV_0\cos\omega t$$

参考　$Q=CV_0\sin\omega t$ を t で微分して

$$I_C=\frac{dQ}{dt}=\omega CV_0\cos\omega t$$

(4) **キルヒホッフの第1法則より**

$$I=I_R+I_C=\frac{V_0}{R}\sin\omega t+\omega CV_0\cos\omega t$$

三角関数の公式 $A\sin\theta+B\cos\theta=\sqrt{A^2+B^2}\sin(\theta+\alpha)$ $\left(ただし,\tan\alpha=\frac{B}{A}\right)$

を用いて

$$I=V_0\sqrt{\frac{1}{R^2}+\omega^2C^2}\sin(\omega t+\Phi)$$

これより, 電流 I の最大値 I_0 と, $\tan\Phi$ は

$$I_0=V_0\sqrt{\frac{1}{R^2}+\omega^2C^2}\ [A]\quad\cdots③$$

$$\tan\Phi=\frac{\omega C}{\dfrac{1}{R}}=\omega CR\quad\cdots④$$

(5) ③, ④式より, C を消去し, さらに $1+\tan^2\Phi=\dfrac{1}{\cos^2\Phi}$ を用いて R を求

めると

$$R=\frac{V_0}{I_0\cos\Phi}$$

①式より

$$\frac{V_0}{I_0\cos\Phi}=\rho\frac{l}{S}\quad\therefore\quad\rho=\frac{SV_0}{lI_0\cos\Phi}\ [\Omega\cdot m]$$

同様に③, ④式より R を消去して C を求め, さらに②式より

$$C=\frac{I_0\sin\Phi}{\omega V_0}=\frac{\varepsilon S}{l}\quad\therefore\quad\varepsilon=\frac{lI_0\sin\Phi}{\omega SV_0}\ [F/m]$$

問題56 難易度：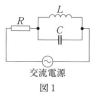

抵抗値 R の抵抗，自己インダクタンス L のコイル，電気容量 C のコンデンサーを図1のように交流電源に接続した回路がある。時刻 t においてコイルとコンデンサーにかかる電圧が，$v = v_0 \sin \omega t$ であった。ただし，ω は角周波数である。

交流電源
図1

(1) コイルに流れる電流 I_L，コンデンサーに流れる電流 I_C をそれぞれ求めよ。また，I_L，I_C の最大値 I_{L0}，I_{C0} をそれぞれ求めよ。

(2) 時刻 t での抵抗にかかる電圧を，v_0，R，L，C，ω，t を用いて表せ。

(3) 交流電源の電圧，電流の実効値 V_e，I_e を，それぞれ v_0，R，L，C，ω のうち必要なものを用いて表せ。ただし，$I_{L0} < I_{C0}$ とする。

(4) 回路が消費する電力の時間平均を，v_0，R，L，C，ω を用いて求めよ。

交流電源の角周波数を変化させると，ω_0 のとき回路の消費電力が最小となった。

(5) このときの，I_{L0} と I_{C0} の関係を答えよ。また，ω_0 を，R，L，C のうち必要なものを用いて表せ。

角周波数を ω_1 としたとき，電源の電圧に対する電流の位相が $\dfrac{\pi}{4}$ だけ早かった。ただし，$I_{L0} < I_{C0}$ とする。

(6) ω_1 を求めよ。

(7) このとき，コイルとコンデンサーにかかる電圧の実効値は，電源の電圧の実効値 V_e の何倍になるか答えよ。

設問別難易度：(1) □□□□□ (2), (3) □□□□□
(4), (5) □□□□□ (6), (7) □□□□□

Point 1 **交流回路の消費電力** ≫ (4)

交流回路において，コイルとコンデンサーの消費電力の時間平均は 0 になる。電力を消費するのは抵抗だけであるため，交流回路の消費電力は，抵抗の消費電力に等しい。抵抗値 R の抵抗に流れる交流電流の最大値を I_0，実効値を I_E とすると，消費電力の平均 $\overline{P}$ は

$$\overline{P} = \frac{R I_0{}^2}{2} = R I_E{}^2$$

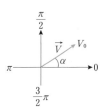

　交流の電圧，電流の瞬時値は三角関数を用いて表すことが多い。交流回路の問題には，これらの和を求めさせるものが多いが，ベクトル表示を用いて求める方法は，ぜひ使えるようになってほしい。例えば，時刻 t での電圧 V（最大値 V_0）が，$V = V_0 \sin(\omega t + \alpha)$ である場合，ベクトル表示をすると右図のように，最大値をベクトルの大きさ（矢印の長さ），初期位相 α を右向きの軸からの角度で表すことができる。様々な最大値，位相の電圧（電流でもよい）の和を求める場合には，これらのベクトルの和を求めればよい。

解答　(1)　コイルの**リアクタンスは ωL** で，**電流の位相は電圧より $\dfrac{\pi}{2}$ 遅れる**ので

$$I_L = \frac{v_0}{\omega L} \sin\left(\omega t - \frac{\pi}{2}\right) = -\frac{v_0}{\omega L} \cos\omega t$$

コンデンサーの**リアクタンスは $\dfrac{1}{\omega C}$** で，**電流の位相は電圧より $\dfrac{\pi}{2}$ 進んでいる**ので

$$I_C = \frac{v_0}{\dfrac{1}{\omega C}} \sin\left(\omega t + \frac{\pi}{2}\right) = \omega C v_0 \cos\omega t$$

それぞれの最大値は

$$I_{L0} = \frac{v_0}{\omega L} \quad , \quad I_{C0} = \omega C v_0$$

(2)　抵抗に流れる電流を I とすると，**キルヒホッフの第1法則**より

$$I = I_L + I_C = \left(\omega C - \frac{1}{\omega L}\right) v_0 \cos\omega t \quad \cdots ①$$

抵抗にかかる電圧を v_R とすると，オームの法則より

$$v_R = RI = \left(\omega C - \frac{1}{\omega L}\right) R v_0 \cos\omega t$$

(3)　交流電源の電圧を V とする。三角関数の公式を用いて

$$V = v + v_R = v_0\left\{\sin\omega t + \left(\omega C - \frac{1}{\omega L}\right) R \cos\omega t\right\}$$

$$= v_0 \sqrt{1 + \left(\omega C - \frac{1}{\omega L}\right)^2 R^2} \sin(\omega t + \alpha) \quad \cdots ②$$

ただし，$\tan\alpha = \left(\omega C - \dfrac{1}{\omega L}\right) R$

これより，V の最大値を V_0 とすると

$$V_0 = v_0\sqrt{1+\left(\omega C-\frac{1}{\omega L}\right)^2 R^2}$$

ゆえに，実効値は

$$V_e = \frac{V_0}{\sqrt{2}} = v_0\sqrt{\frac{1+\left(\omega C-\frac{1}{\omega L}\right)^2 R^2}{2}} \quad \cdots\text{③}$$

電源を流れる電流は①式の I である。電流の最大値を I_0 とすると，$I_{L0}<I_{C0}$ より $\frac{1}{\omega L}<\omega C$ も考慮して，①式より

$$I_0 = \left(\omega C-\frac{1}{\omega L}\right)v_0$$

ゆえに，実効値は

$$I_e = \left(\omega C-\frac{1}{\omega L}\right)\frac{v_0}{\sqrt{2}}$$

(4) コイルとコンデンサーの消費電力の時間平均は 0 である。よって，**回路の消費電力の時間平均は抵抗の消費電力の時間平均となる**。抵抗に流れる電流の実効値は I_e なので，回路の消費電力の時間平均を $\overline{P}$ とすると

$$\overline{P} = RI_e^2 = \left(\omega C-\frac{1}{\omega L}\right)^2\frac{Rv_0^2}{2}$$

(5) 回路の**消費電力が最小となるのは，抵抗に流れる電流 I が最小となるとき**である。①式より最小となるのは $I=0$ のときなので

$$I_{L0} = I_{C0}$$

また，①式で $I=0$ となるので

$$\omega_0 C-\frac{1}{\omega_0 L} = 0 \quad \therefore \quad \omega_0 = \frac{1}{\sqrt{LC}}$$

(6) ②式で，$\alpha=\frac{\pi}{4}$ であればよい。ゆえに，$\omega_1>0$ も考慮して

$$\tan\frac{\pi}{4} = \left(\omega_1 C-\frac{1}{\omega_1 L}\right)R = 1 \quad \cdots\text{④}$$

$$\omega_1^2-\frac{\omega_1}{RC}-\frac{1}{LC} = 0 \quad \therefore \quad \omega_1 = \frac{1+\sqrt{1+\frac{4R^2 C}{L}}}{2RC}$$

(7) ③式に④式を代入して

$$V_e = v_0\sqrt{\frac{1+1^2}{2}} = v_0$$

これより，コイルとコンデンサーにかかる電圧の実効値を v_e とすると

$$v_e = \frac{v_0}{\sqrt{2}} = \frac{V_e}{\sqrt{2}} \qquad \text{ゆえに} \quad \frac{1}{\sqrt{2}} \text{ 倍}$$

参考 (3)の V_e, (6), (7)をベクトルを用いて解いてみる。

(3) v と v_R はそれぞれ

$$v = v_0 \sin\omega t$$

$$v_R = \left(\omega C - \frac{1}{\omega L}\right)Rv_0\cos\omega t = \left(\omega C - \frac{1}{\omega L}\right)Rv_0\sin\left(\omega t + \frac{\pi}{2}\right) \quad \cdots ⑤$$

なので，ベクトルとして表すと図2のように
なる。電源電圧はこれらの和であるから，最
大値 V_0 は図2より

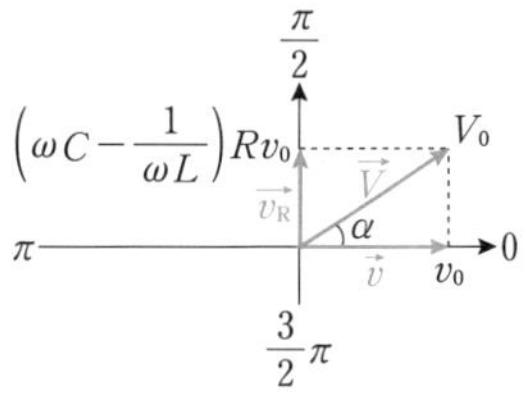

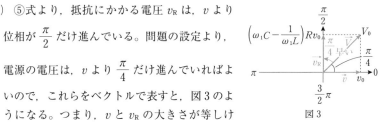

図2

$$V_0 = v_0\sqrt{1 + \left(\omega C - \frac{1}{\omega L}\right)^2 R^2}$$

となり，これより，実効値 V_e を求めればよい。
また，v に対する位相のずれ α も，図2より

$$\tan\alpha = \frac{\left(\omega C - \frac{1}{\omega L}\right)Rv_0}{v_0} = \left(\omega C - \frac{1}{\omega L}\right)R$$

と求めることができる。

(6) ⑤式より，抵抗にかかる電圧 v_R は，v より
位相が $\frac{\pi}{2}$ だけ進んでいる。問題の設定より，
電源の電圧は，v より $\frac{\pi}{4}$ だけ進んでいればよ
いので，これらをベクトルで表すと，図3のよ
うになる。つまり，v と v_R の大きさが等しけ
ればよいから

$$v_0 = \left(\omega_1 C - \frac{1}{\omega_1 L}\right)Rv_0$$

図3

となり，④式と同じ式が得られる。これより ω_1 を求める。

(7) このとき，交流電源の電圧の最大値 V_0 は図3より

$$V_0 = \sqrt{2}\,v_0$$

実効値にも同じ関係が成り立つので

$$V_e = \sqrt{2}\,v_e \qquad \therefore \quad v_e = \frac{V_e}{\sqrt{2}}$$

電磁気

問題57 難易度：🐱🐱🐱🐱⬜

図1のように，抵抗値 R の抵抗，自己インダクタンス L のコイル，電気容量 C のコンデンサーを，角周波数 ω の交流電源に接続した回路がある。時刻 t に回路に流れる電流 I を，図1の矢印の向きを正として $I = I_0 \sin\omega t$ とする。交流電源の電圧 V（点 Q に対する点 P の電位）は $V = V_0 \sin(\omega t + \delta)$ と表せるものとする。

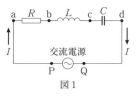

図1

(1) コイルにかかる電圧 V_L（点 c に対する点 b の電位）と，コンデンサーにかかる電圧 V_C（点 d に対する点 c の電位）をそれぞれ求めよ。

(2) I_0 および $\tan\delta$ を，V_0, R, L, C, ω のうち必要なものを用いて表せ。

(3) 回路のインピーダンスを求めよ。

(4) 回路が消費する電力の時間平均を，V_0, R, L, C, ω を用いて表せ。

交流電源の電圧を変えずに，角周波数 ω を変化させたところ，ω_0 のとき回路を流れる電流の実効値が最大となった。

(5) ω_0 を，R, L, C のうち必要なものを用いて表せ。

(6) このとき，回路が消費する電力の時間平均も最大値 P_0 となった。P_0 を R, V_0 で表せ。

交流電源の角周波数を変えると，ω_1 および ω_2 のとき，回路が消費する電力が $\dfrac{P_0}{2}$ となった。ただし，$\omega_2 > \omega_1$ とする。

(7) ω_1, ω_2 をそれぞれ R, L, C を用いて表せ。

(8) ω_1, ω_2 の差を $\Delta\omega = \omega_2 - \omega_1$ とする。$\dfrac{\omega_0}{\Delta\omega}$ を R, L, C を用いて表せ。

設問別難易度：(1) 🐱🐱⬜⬜⬜　(2)〜(6) 🐱🐱🐱⬜⬜　(7),(8) 🐱🐱🐱🐱⬜

Point 1　回路のインピーダンス ≫ (2), (3)

回路全体が交流電源に対してもつ抵抗に相当する値をインピーダンスという。一般的には，インピーダンスは交流の角周波数 ω によって変化する。単位は〔Ω〕である。電源の電圧，電流の実効値をそれぞれ V_e, I_e，インピーダンスを z とすると，オームの法則と同様の関係で

$$V_e = zI_e$$

となる。電圧，電流の最大値でも同じ関係が成り立つ。インピーダンスは回路の構成によって異なるので，回路ごとに考える必要がある。

　コイルは低い周波数の交流電流を流しやすく，コンデンサーは高い周波数の交流電流を流しやすい。これらを組み合わせることで，特定の周波数で大きな電流を流す回路を作ることができる。このような回路を共振回路という。

解答　(1)　リアクタンスはコイルが ωL，コンデンサーが $\dfrac{1}{\omega C}$ である。また，**電流に対して電圧の位相は，コイルでは $\dfrac{\pi}{2}$ 進んでいて，コンデンサーでは $\dfrac{\pi}{2}$ 遅れている**ので

$$V_{\mathrm{L}}=\omega L I_0\sin\left(\omega t+\frac{\pi}{2}\right)=\omega L I_0\cos\omega t$$

$$V_{\mathrm{C}}=\frac{1}{\omega C}\times I_0\sin\left(\omega t-\frac{\pi}{2}\right)=-\frac{I_0}{\omega C}\cos\omega t$$

(2)　抵抗の電圧を V_{R}（点 b に対する点 a の電位）とすると，V_{R} はオームの法則より

$$V_{\mathrm{R}}=RI=RI_0\sin\omega t$$

d に対する a の電位（Q に対する R の電位）**V は，V_{R}，V_{L}，V_{C} の電圧の和**になるので

$$V=V_{\mathrm{R}}+V_{\mathrm{L}}+V_{\mathrm{C}}=I_0\left\{R\sin\omega t+\left(\omega L-\frac{1}{\omega C}\right)\cos\omega t\right\}$$

ここで，三角関数の公式 $A\sin\theta+B\cos\theta=\sqrt{A^2+B^2}\sin(\theta+\alpha)$，ただし $\tan\alpha=\dfrac{B}{A}$ を用いて式を整理すると

$$V=I_0\sqrt{R^2+\left(\omega L-\frac{1}{\omega C}\right)^2}\sin(\omega t+\alpha)\quad\text{ただし,}\quad\tan\alpha=\frac{\omega L-\dfrac{1}{\omega C}}{R}$$

これが，電源の電圧 $V=V_0\sin(\omega t+\delta)$ と一致するので

$$I_0\sqrt{R^2+\left(\omega L-\frac{1}{\omega C}\right)^2}=V_0$$

$$\therefore\quad I_0=\frac{V_0}{\sqrt{R^2+\left(\omega L-\dfrac{1}{\omega C}\right)^2}}\quad\cdots①$$

また，$\delta=\alpha$ より

$$\tan\delta=\tan\alpha=\frac{\omega L-\dfrac{1}{\omega C}}{R}$$

(3) インピーダンスを z とする。①式より

$$z = \frac{V_0}{I_0} = \sqrt{R^2 + \left(\omega L - \frac{1}{\omega C}\right)^2}$$

(4) コイル，コンデンサーの消費電力の平均は 0 である。ゆえに**回路全体の消費電力の平均は，抵抗の消費電力の平均**である。回路全体の消費電力の平均を P とすると，抵抗に流れる電流の最大値は I_0 なので

$$P = \frac{R I_0^2}{2} = \frac{R V_0^2}{2\left\{R^2 + \left(\omega L - \frac{1}{\omega C}\right)^2\right\}} \quad \cdots ②$$

(5) **電流の実効値が最大になるということは，I_0 が最大になる**ということである。①式で V_0 も R も正の定数なので，ω を変化させて I_0 が最大になるのは，**①式の分母が最小になるとき**だから

$$\omega_0 L - \frac{1}{\omega_0 C} = 0 \quad \therefore \quad \omega_0 = \frac{1}{\sqrt{LC}}$$

(6) ②式で，$\omega L - \frac{1}{\omega C} = 0$ とすればよいので

$$P_0 = \frac{V_0^2}{2R} \quad \cdots ③$$

(7) 消費電力 P が $\frac{P_0}{2}$ となるとき，③式より

$$\frac{P_0}{2} = \frac{V_0^2}{4R}$$

となり，これを②式の P として代入すると

$$\frac{V_0^2}{4R} = \frac{R V_0^2}{2\left\{R^2 + \left(\omega L - \frac{1}{\omega C}\right)^2\right\}} \quad \therefore \quad \omega L - \frac{1}{\omega C} = \pm R$$

これを整理して

$$\omega^2 \pm \frac{R}{L}\omega - \frac{1}{LC} = 0$$

$$\therefore \quad \omega = \frac{\pm RC \pm \sqrt{R^2 C^2 + 4LC}}{2LC} \quad \text{(複号任意)}$$

$\omega > 0$ かつ $\omega_2 > \omega_1$ より

$$\omega_1 = \frac{-RC + \sqrt{R^2 C^2 + 4LC}}{2LC} \quad , \quad \omega_2 = \frac{RC + \sqrt{R^2 C^2 + 4LC}}{2LC}$$

(8) (7)の結果より

$$\Delta\omega = \omega_2 - \omega_1 = \frac{R}{L}$$

ゆえに

$$\frac{\omega_0}{\Delta\omega} = \frac{\dfrac{1}{\sqrt{LC}}}{\dfrac{R}{L}} = \frac{1}{R}\sqrt{\frac{L}{C}}$$

(参考) 横軸に ω を取り，②式の消費電力 P をグラ
フにすると，図2のようになる。この回路では，特
定の周波数 ω_0 周辺で電流が特に強く，消費電力も
大きくなることがわかる。このような回路を共振回
路という。消費電力が最大値の半分になる角周波数
の幅が $\Delta\omega$ であり，$\Delta\omega$ が小さいほど，共振する周

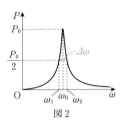

図2

波数の範囲が限られることになる。(8)で求めた $\dfrac{\omega_0}{\Delta\omega}$ は，共振回路のこのよ
うな特性を示す値として用いられる。

起電力 E〔V〕の電池，抵抗値 R〔Ω〕の抵抗，自己イン
ダクタンス L〔H〕のコイル，電気容量 C〔F〕のコンデン
サー，およびスイッチ S_1, S_2 を図1のように接続した。
初め，S_1, S_2 は開かれていて，コンデンサーに電荷は蓄
えられていない。この状態から S_1 を閉じた。

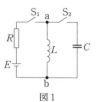
図1

(1) S_1 を閉じた直後，コイルに発生する自己誘導起電力
　 の大きさはいくらか。

(2) S_1 を閉じて十分に時間が経過したとき，コイルに流れる電流，および蓄
　 えられるエネルギーはいくらか。

　 次に S_2 を閉じ，十分に時間が経過してから S_1 を開いたところ，コイル，
コンデンサーに，角周波数 ω〔rad/s〕で正弦関数的に変化する振動電流が流れ
た。

(3) 振動電流の最大値を I_0〔A〕とする。コイルの両端の電圧の最大値を ω, L,
　 I_0 を用いて表せ。また，コンデンサーの極板間の電圧の最大値を ω, C, I_0
　 を用いて表せ。

(4) 振動電流の周期 T〔s〕を，L, C を用いて表せ。

(5) S_1 を開いた時刻を $t=0$ とし，コイルに流れる電流 I〔A〕（点a→点bを
　 正とする）と，bに対するaの電位 V〔V〕を，横軸に時刻 t〔s〕をとって，
　 それぞれ1周期分だけグラフに描け。ただし，I の最大値を I_0, V の最大値
　 を V_0〔V〕とする。

(6) コンデンサーに蓄えられる電荷の最大値を，E, R, L, C のうち，必要
　 なものを用いて表せ。

設問別難易度：(1),(2) 🙂🙂⬜⬜⬜　(3),(4),(6) 🙂🙂🙂⬜⬜　(5) 🙂🙂🙂🙂⬜

Point 1 ┊ 電気振動の角振動数，周期　≫ (4)

　自己インダクタンス L のコイルと，電気容量 C のコンデンサーによる電気振動で
は，角振動数 ω，周期 T，周波数 f はそれぞれ

$$\omega = \frac{1}{\sqrt{LC}} \quad , \quad T = 2\pi\sqrt{LC} \quad , \quad f = \frac{1}{2\pi\sqrt{LC}}$$

である。これらは，覚えてしまおう。もし忘れても，本問の(3)，(4)のように，交流回
路として電流，電圧が共通であることより，ω を求めればよい。

Point 2 ┊ 電気振動のエネルギー保存則 ≫ (6)

　電気振動をする回路の電圧を V，電流を Iとして，それぞれ最大値を V_0，I_0とする。電気振動では，**コイルの磁気エネルギーとコンデンサーの静電エネルギーが，交互にやりとりをして総量は保存**される。つまり，以下の式が成り立つ。

$$\frac{1}{2}LI^2+\frac{1}{2}CV^2=一定=\frac{1}{2}LI_0{}^2=\frac{1}{2}CV_0{}^2$$

Point 3 ┊ コイルの性質 ≫ (1), (2), (5)

　コイルに流れる電流が変化すると，自己誘導により電流の変化を妨げる向きの起電力が発生する。そのため，**コイルに流れる電流は急にも不連続にも変化できない。**つまり，スイッチの切り替えをしても，**コイルに流れる電流は切り替えの直前，直後で同じ値となる。**また，直流回路で電流が一定値となると，コイルの起電力は 0 となり，両端の電位差はなくなる。電流が一定値となれば，コイルはただの導線と考えればよい。

解答　(1)　コイルを流れる**電流は不連続に変化できない**ので，S_1を閉じた直後，コイルを流れる電流は 0 で，抵抗にも電流が流れず抵抗の両端の電位差はない。ゆえに ab 間の電圧は E なので，コイルに発生している起電力の大きさは

$$E〔V〕$$

(2)　S_1を閉じて十分に時間が経過すると，コイルに流れる**電流は一定となり，コイルの起電力は 0** となる。コイルに流れる電流を I_1〔A〕とすると，キルヒホッフの第 2 法則より

$$E+0=RI_1 \quad \therefore \quad I_1=\frac{E}{R}〔A〕$$

また，コイルに蓄えられる磁気エネルギーを U_1〔J〕とすると

$$U_1=\frac{1}{2}LI_1{}^2=\frac{LE^2}{2R^2}〔J〕$$

(3)　S_2を閉じて十分に時間が経過すると，コイルに流れる電流が一定となり，コイルの起電力は 0 となる。コンデンサーの極板間の電圧も 0 となるので，コンデンサーに電荷は蓄えられていない。ここで S_1を開くと，電気振動が発生する。この電気振動でのコイルとコンデンサーの電圧の最大値をそれぞれ V_{L0}〔V〕，V_{C0}〔V〕とする。コイルのリアクタンスは ωL なので

$$V_{L0}=\omega LI_0〔V〕$$

コンデンサーのリアクタンスは $\dfrac{1}{\omega C}$ なので

$$V_{C0} = \frac{I_0}{\omega C} \ \text{(V)}$$

(4) コイルとコンデンサーの電圧は等しいので

$$V_{L0} = V_{C0}$$

$$\omega L I_0 = \frac{I_0}{\omega C} \qquad \therefore \quad \omega = \frac{1}{\sqrt{LC}}$$

これより，周期 T は

$$T = \frac{2\pi}{\omega} = 2\pi\sqrt{LC} \ \text{(s)}$$

(5) S_1 を開く直前，コイルに流れる電流は強さ $I_1 = \dfrac{E}{R}$ で a→b 向き，起電力は 0 なので $V=0$ で，コンデンサーに電荷は存在しない。**S_1 を開いた直後，コイルに流れる電流は急に変化できないので $I=I_1$，コンデンサーに電荷はないので $V=0$ である。**また，このとき電流は最大なので $I_0 = I_1$ である。初め，電流は a→b 向きで，まずコンデンサーの b 側の極板に正の電荷が蓄えられるので，S_1 を開いて少し時間が経つと，まず V は負になる。これらを考慮してグラフを描くと，図2 のようになる。

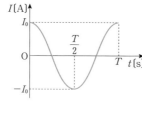

図2

(6) I, V には

$$\frac{1}{2}LI^2 + \frac{1}{2}CV^2 = \text{一定}$$

の関係が成り立つ。$I = I_0 = I_1$ のとき $V=0$，$V=V_0$ のとき $I=0$ なので

$$\frac{1}{2}LI_1{}^2 = \frac{1}{2}CV_0{}^2 \qquad \therefore \quad V_0 = I_1\sqrt{\frac{L}{C}} = \frac{E}{R}\sqrt{\frac{L}{C}}$$

V が最大のとき，コンデンサーの電荷も最大となるので，最大値を Q_0〔C〕とすると

$$Q_0 = CV_0 = \frac{E}{R}\sqrt{LC} \ \text{(C)}$$

第3章 原子

原子分野は高校物理の集大成で，
他の分野と関連する部分が多いから，
問題演習を通じて，他の分野の復習も行う
といいよ。

電子と光

問題59 難易度：☺☺☺▢▢

　右図は電気素量 e の値を測定したミリ
カンの油滴実験の概略を示している。油滴
は上部の霧吹きで作られる。小さな穴をも
った間隔 l の平行な極板間には，電位差を
与えて一様な電場をつくることができるよ
うになっている。また，油滴の電荷は，窓

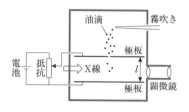

から X 線を照射することによって変えることができる。電位差がある場合と
ない場合について，それぞれ等速直線運動をする油滴の速さを測定し，油滴の
電荷を求める。油の密度を d，空気の密度を d_0，重力加速度の大きさを g と
する。また，油滴は半径 a の球とし，この油滴が空気中を速さ v で運動する
とき，抵抗力 kav（k は比例定数）を受けるものとして，以下の問いに答えよ。

〔1〕　極板間に電位差がないとき，油滴は極板間を一定の速さ v_g で落下した。

(1)　油滴にはたらく浮力を求めよ。

(2)　油滴にはたらく力のつり合いの式を書け。また，油滴の半径 a を求めよ。

〔2〕　次に，極板間に電位差 V を与えたところ，この油滴は極板間で上昇し
　　始め，やがて一定の速さ v_E になった。

(3)　油滴の電荷を $-q$ として，この油滴にはたらく力のつり合いの式を書
　　け。

(4)　油滴の電荷の大きさ q を $v_g, v_E, l, V, d, d_0, g$ および k を用いて表せ。

(5)　繰り返し行われ
　　た測定から求めら
　　れた油滴の電荷の
　　大きさを，小さい
　　順に並べると右表

順　　序	1	2	3	4	5	6
油滴の電荷の大きさ $q(\times 10^{-19}\mathrm{C})$	3.19	4.81	6.43	9.62	11.21	14.43

　　のようになった。どの油滴の電荷の大きさもそれぞれ電気素量 e の整数
　　倍になっているものとして，表の測定結果を用いて，電気素量 e の値を
　　有効数字 3 桁まで求めよ。

　設問別難易度：(1), (5) ☺☺▢▢▢　　(2)〜(4) ☺☺☺▢▢

Point 1 原子分野は，全分野の融合 ≫ (1)～(4)

　原子分野を理解するためには，これまで学んできた物理の全てを応用すること。油滴の運動は，電場からの力も考えて，雨滴の落下と同様に力のつり合いを考える。本問では，空気中での浮力も考える必要がある。

Point 2 実験データの扱い ≫ (5)

　通常の実験では，同じ物理量を複数回測定したとき，測定値の和を測定回数で割って平均値をとる。しかし，ミリカンの実験では，測定値が電気素量の何倍になっているかがバラバラなので，単純に測定回数で割ることができない。測定値が電気素量の何倍になっているかを考慮して，平均値を求める必要がある。

解答 (1)　油滴の体積は $\dfrac{4}{3}\pi a^3$ なので，空気から油滴にはたらく浮力は

$$d_0 \times \frac{4}{3}\pi a^3 \times g = \frac{4}{3}\pi d_0 a^3 g$$

(2)　油滴の質量は $\dfrac{4}{3}\pi d a^3$ である。油滴には，**重力と浮力，速度の逆向きに空気の抵抗力がはたらき，これらの力がつり合っている**ので

$$\frac{4}{3}\pi d a^3 g - \frac{4}{3}\pi d_0 a^3 g - k a v_g = 0 \quad \cdots ①$$

$a \neq 0$ として，この式を解いて

$$a = \frac{1}{2}\sqrt{\frac{3k v_g}{\pi g(d-d_0)}} \quad \cdots ②$$

(3)　負電荷が上向きに力を受けるので，電場の向きは下向きで，大きさは $\dfrac{V}{l}$ である。油滴には，**重力，浮力，空気の抵抗力に加えて電場からの電気力がはたらき，これらの力がつり合っている**ので

$$\frac{4}{3}\pi d a^3 g - \frac{4}{3}\pi d_0 a^3 g + k a v_E - \frac{qV}{l} = 0 \quad \cdots ③$$

(4)　①，③式より

$$k a(v_g + v_E) - \frac{qV}{l} = 0$$

さらに，②式を代入して q を求めると

$$q = \frac{kl(v_g + v_E)}{2V}\sqrt{\frac{3k v_g}{\pi g(d-d_0)}}$$

(5) それぞれの**測定値の差は，約 1.6×10⁻¹⁹ C か，またはこの値の整数倍**とな っている。また，**測定値もほぼ 1.6×10⁻¹⁹ C の整数倍**となっている。これよ り，**電気素量 e は，約 1.6×10⁻¹⁹ C** といえる。測定値は小さい順に，この 値の 2，3，4，6，7，9 倍となっていると考えてよい。これらの測定値 から e を求めると

$$e = \frac{(3.19+4.81+6.43+9.62+11.21+14.43)\times 10^{-19}}{2+3+4+6+7+9} = 1.602\times 10^{-19}$$

$$\fallingdotseq 1.60\times 10^{-19} \text{ C}$$

問題60 難易度：😊😊😊◻◻

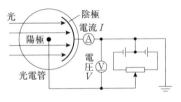

右図は光電管と呼ばれる装置の構造を表しており，内部を真空にしたガラス管中に，陽極と，広い面積をもつ陰極がある。光を陰極に当てると，光電効果により電子（光電子）が飛び出し，電子が陽極に到達すると電流 I が流れる。いま，波長 λ の単色光を陰極に当てた。陽極の電位 V を正のある値以上にすると電流は一定値 I_0 となった。V の値を正から 0 に近づけていくと電流は減少し，さらに $V=-V_0$ とすると $I=0$ となった。電気素量を e，真空中の光速を c，プランク定数を h とする。

(1) 波長 λ の光子のエネルギーを求めよ。

(2) 陰極から出た電子の運動エネルギーの最大値を求めよ。

(3) 陰極の金属の仕事関数を求めよ。

ここで，$e=1.60\times10^{-19}$ C，$c=3.00\times10^8$ m/s とする。波長 3.00×10^{-7} m の光で実験すると，$I_0=0.35\,\mu\text{A}$，$V_0=2.24$ V であった。以下，有効数字 2 桁で答えよ。

(4) 単位時間あたりに陰極から出る電子の数を求めよ。

波長 4.00×10^{-7} m の光で実験すると，$V_0=1.21$ V であった。

(5) プランク定数 h を〔J·s〕の単位で求めよ。

(6) 仕事関数を〔eV〕の単位で求めよ。

設問別難易度：(1)😊◻◻◻◻　(2),(3)😊😊◻◻◻　(4)〜(6)😊😊😊◻◻

Point 光電効果 ≫ (2), (3), (5), (6)

プランク定数を h とすると，振動数 ν の光の光子1個がもつエネルギーは $h\nu$ である。物質中の電子が光子を吸収してエネルギーを受け取り，物質から飛び出す現象が光電効果である。電子が物質から飛び出すために必要なエネルギー（＝仕事関数）を W，飛び出した電子の運動エネルギーの最大値を K_0 とすると

$$h\nu = W + K_0$$

が成り立つ。光電効果の実験において，K_0 は，電子が陽極に到達できなくなる電圧 V_0 を測定し，電子の電荷の大きさを e として，$K_0=eV_0$ と求める。光電効果の問題では，光電効果の現象自体の理解と，K_0 の測定方法の理解とをしっかり分けて考えることが大切である。

解答 (1) 光子1個のエネルギーは，公式より $\dfrac{hc}{\lambda}$

参考 振動数を ν とすると，$\nu=\dfrac{c}{\lambda}$ より，光子1個のエネルギーは

$$h\nu=\dfrac{hc}{\lambda}$$

(2) 陽極の電位を $-V_0$ としたときには，最大の運動エネルギーをもった電子も陽極に到達できなくなる。**陰極から出た電子が陽極に到達する直前までに失うエネルギーは eV_0 なので**，電子の運動エネルギーの最大値を K_0 とすると

$$K_0=eV_0$$

(3) 金属から電子を1個取り出すためのエネルギーが仕事関数である。仕事関数を W とする。**電子は光子のエネルギーをもらって金属から飛び出すが，飛び出す際に W だけエネルギーを失うので**

$$\dfrac{hc}{\lambda}=W+K_0$$

$$\dfrac{hc}{\lambda}=W+eV_0 \quad \therefore \quad W=\dfrac{hc}{\lambda}-eV_0 \quad \cdots\text{①}$$

(4) **電流が一定となったとき，陰極で発生した電子が全て陽極に到達して電流になったと考えてよい。**ゆえに，単位時間あたりに陰極から出る電子の数は

$$\dfrac{0.35\times10^{-6}}{1.60\times10^{-19}}=2.18\times10^{12}\fallingdotseq2.2\times10^{12}\ \text{個/s}$$

(5) 波長 $\lambda_1=3.00\times10^{-7}$ m のときの V_0 を $V_1=2.24$ V，波長 $\lambda_2=4.00\times10^{-7}$ m のときの V_0 を $V_2=1.21$ V とすると，①式に当てはめて

$$W=\dfrac{hc}{\lambda_1}-eV_1 \quad \cdots\text{②}$$

$$W=\dfrac{hc}{\lambda_2}-eV_2 \quad \cdots\text{③}$$

②，③式より W を消去して h を求め，与えられた数値を代入すると

$$h=\dfrac{e(V_1-V_2)\lambda_1\lambda_2}{c(\lambda_2-\lambda_1)}$$

$$=\dfrac{1.60\times10^{-19}\times(2.24-1.21)\times3.00\times10^{-7}\times4.00\times10^{-7}}{3.00\times10^8\times(4.00-3.00)\times10^{-7}}$$

$$=6.59\times10^{-34}\fallingdotseq6.6\times10^{-34}\ \text{J}\cdot\text{s}$$

(6) ②式に，c, e, λ_1, V_1 および(5)で求めた h の数値を代入して

$$W=\dfrac{6.59\times10^{-34}\times3.00\times10^8}{3.00\times10^{-7}}-1.60\times10^{-19}\times2.24\ \text{J}$$

さらに，$1\,\mathrm{eV}=1.60\times10^{-19}\,\mathrm{J}$ も考慮すると

$$W=\frac{6.59\times10^{-34}\times3.00\times10^{8}}{3.00\times10^{-7}\times1.60\times10^{-19}}-2.24=1.87\fallingdotseq1.9\,\mathrm{eV}$$

別解　②，③式より h，c を消去し，e，λ_1，λ_2，V_1，V_2 の数値を代入して求めてもよい。

$$W=\frac{e(\lambda_1 V_1-\lambda_2 V_2)}{\lambda_2-\lambda_1}$$

$$=\frac{1.60\times10^{-19}\times(3.00\times2.24-4.00\times1.21)\times10^{-7}}{(4.00-3.00)\times10^{-7}}\,\mathrm{J}$$

$1\,\mathrm{eV}=1.60\times10^{-19}\,\mathrm{J}$ より

$$W=\frac{(3.00\times2.24-4.00\times1.21)\times10^{-7}}{(4.00-3.00)\times10^{-7}}=1.88\fallingdotseq1.9\,\mathrm{eV}$$

真空中で波長 λ の一様な光線を，鏡に垂直に照射した。鏡は全ての光子を反射するものとする。プランク定数を h，真空中の光速を c とする。

(1) この光の振動数を求めよ。

(2) 照射される光子1個がもつエネルギーと運動量の大きさをそれぞれ求めよ。

(3) 光子1個が鏡で反射されたとき，鏡に与える力積の大きさを求めよ。

鏡に単位時間あたりに入射する光線のエネルギーを I とする。

(4) 鏡が光線から受ける力の大きさを求めよ。

図1のように，太陽から距離 r だけ離れた位置に，面積 S の帆をもった宇宙船がある。帆は太陽からの光（太陽光）を完全に反射する平面鏡で作られていて，太陽光は平面鏡に垂直に入射する。宇宙船の質量は m である。太陽光は太陽から等方的に放射され，単位時間あたりに放射される光の全エネルギーを L とする。また，太陽の質量を M，万有引力定数を G とする。

図1

(5) 単位時間あたりに帆に入射する太陽光のエネルギーを求めよ。

(6) 帆が太陽光から受ける力の大きさを求めよ。

(7) 宇宙船を静止させるためには，帆の面積 S はいくらでなければならないか求めよ。

設問別難易度：(1), (2) ▯▯▯▯▯   (3) ▯▯▯▯▯   (4)〜(7) ▯▯▯▯▯

Point | **光子の運動量** 》 (2)〜(4), (6)

光子は運動量をもつ。真空中の光速を c，プランク定数を h とすると，波長 λ，振動数 ν の光子の運動量の大きさ $p = \dfrac{h\nu}{c} = \dfrac{h}{\lambda}$ である。ただし，光子に質量はない。普通の物質の粒子と全く違うものだと考えよう。光子は運動量をもつので，反射したり，吸収されたりすると相手に力積を与える。力積の計算は力学の基本どおりに行う。

解答 (1) 振動数を ν とすると，波の公式より

$$\nu = \frac{c}{\lambda}$$

(2) 光子1個のエネルギーを E，運動量の大きさを p とすると，公式より

$$E = h\nu = \frac{hc}{\lambda} \quad , \quad p = \frac{h}{\lambda}$$

(3) 図2のように，光子の入射方向を正とすると，光子
の運動量は入射前は p，反射後は $-p$ である。**光子が**
受ける力積は，光子の運動量の変化と等しいから

$$-p-p=-2p=-\frac{2h}{\lambda}$$

図2

作用・反作用の法則より，**鏡が受ける力積は，光子が**
受ける力積と同じ大きさで逆向きなので

$$2p=\frac{2h}{\lambda}$$

(4) 単位時間あたりに鏡に入射する光子の個数を n とすると，n は**入射する**
光のエネルギーを光子1個のエネルギーで割ることで求められるから

$$n=\frac{I}{E}=\frac{\lambda I}{hc}$$

単位時間あたりに光子から受ける力積が力なので，力の大きさを f とすると

$$f=n\times\frac{2h}{\lambda}=\frac{2I}{c}\quad\cdots①$$

（f は光の波長 λ によらないということになる。）

(5) 太陽を中心とした半径 r の球の表面積は $4\pi r^2$ なので，この位置で面積 S
の帆に入射する光のエネルギー I は

$$I=L\times\frac{S}{4\pi r^2}=\frac{LS}{4\pi r^2}$$

(6) ①式より，帆にはたらく力の大きさは

$$\frac{2I}{c}=\frac{2}{c}\times\frac{LS}{4\pi r^2}=\frac{LS}{2\pi cr^2}$$

(7) 宇宙船が静止するには，太陽光からの力と太陽からの万有引力がつり合え
ばよいので

$$\frac{LS}{2\pi cr^2}-\frac{GMm}{r^2}=0\qquad\therefore\quad S=\frac{2\pi cGMm}{L}$$

X線の性質について考える。電気素量を e，真空中の光速を c，プランク定数を h とする。高電圧で加速させた電子を金属に衝突させると，X線が発生する。いま，電子の加速電圧を V とした。

(1) 加速された電子のエネルギーを求めよ。ただし，加速前の電子のエネルギーを0とする。

(2) 発生するX線のうち，最も波長が短いX線の波長 λ_0 を求めよ。

発生したX線を，フィルターを通して波長 λ のものだけを通過させる。このX線を結晶に当てる実験をした。結晶は，図1のように，全ての原子が間隔 a で並んだ単結晶である。初め，図1に示す格子面で反射するX線について考える。入射X線が格子面となす角を θ とする。

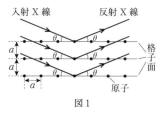

図1

(3) 隣り合う格子面で反射したX線の経路の差を求めよ。

(4) θ を十分に小さい値から大きくしていくと，$\theta=\theta_1$ のとき初めて強い反射X線が観測された。a を，λ，θ_1 を用いて表せ。

結晶には様々な格子面が考えられる。図2のように，図1とは異なる格子面で反射した光線を考える。隣り合う格子面の間隔を d，入射X線が格子面となす角を θ とする。図3は，図2を拡大したものである。

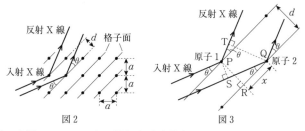

図2　　　　図3

(5) 以下の空欄のア～オに入る適切な式を答えよ。

隣り合う格子面で反射したX線の経路の差を求めよう。図3において原子1と原子2でX線が反射したとする。原子1，2の位置をそれぞれP，Qとする。また，原子1，2から入射X線の経路に下ろした垂線の足をそれぞれS，Tとし，原子1，2の格子面に沿った距離 $RQ=x$ とする。経路の差 Δ は図3より $\Delta=SQ-PT$ と考えてよい。図3より SQ と PT を d，x，θ のうち必要な文字を用いて表すと

$$\mathrm{SQ}=\boxed{\quad\text{ア}\quad}\quad,\quad \mathrm{PT}=\boxed{\quad\text{イ}\quad}$$

となるので，経路の差は

$$\varDelta=\boxed{\quad\text{ウ}\quad}$$

となり，原子の位置によらず，隣り合う格子面の間隔で決まることがわかる。d を a を用いて表すと $d=\boxed{\quad\text{エ}\quad}$ なので，図2の格子面で強い X 線が観測される角 θ は，X 線の波長 λ，自然数 n と a を用いて

$$\sin\theta=\boxed{\quad\text{オ}\quad}$$

を満たす。

設問別難易度：(1) 🙂☐☐☐☐　(2), (3) 🙂🙂☐☐☐
(4), (5)エ, オ 🙂🙂🙂☐☐　(5)ア〜ウ 😣😣😣😣☐

Point : **光子の粒子性と波動性** ≫ (2), (4), (5)オ

X 線は波長の短い光である。本問の(2)の X 線の発生では，光子を粒子として考えなければ事実と合わない。一方，X 線は結晶で反射して干渉をするので，波の性質（＝波動性）をもつ。このように，光子は粒子と波動の両方の性質をもっている。波動として干渉を考えるときは，波の干渉の基本どおりに考える。つまり，経路の差が波長の整数倍のときに，光子は干渉して強め合う。

解答 (1) 電場からされた仕事が電子の運動エネルギーとなる。電子の電荷は $-e$ であるので，加速された電子の運動エネルギーを K とすると

$$K=eV$$

(2) 衝突した**電子の運動エネルギーが全て X 線のエネルギーとなったとき，発生する光子のエネルギーが最大で波長が最短**となる。光子のエネルギーは $\dfrac{hc}{\lambda_0}$ なので

$$K=eV=\frac{hc}{\lambda_0}\qquad \therefore\quad \lambda_0=\frac{hc}{eV}$$

(3) 図4より，隣り合う格子面で反射した X 線の経路の差は

$$2a\sin\theta$$

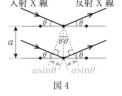

図4

(4) n を自然数として，**X 線が干渉して強め合う条件**は

$$2a\sin\theta=n\lambda$$

となる。θ を十分に小さい値から徐々に大きくするので，$\theta=\theta_1$ のとき，$n=1$ である。ゆえに

$$2a\sin\theta_1 = \lambda \qquad \therefore \quad a = \frac{\lambda}{2\sin\theta_1}$$

(5) ア．PR と X 線の経路が交わる点を A，
　　TQ と原子 1 を通る格子面が交わる点を
　　B とする。図 5 より

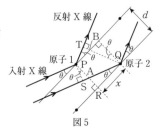

反射 X 線

入射 X 線

原子 1

原子 2

図 5

$$SQ = \frac{x}{\cos\theta} + AP \times \sin\theta$$

$$= \frac{x}{\cos\theta} + (d - x\tan\theta)\sin\theta$$

$$= x\cos\theta + d\sin\theta$$

イ．アと同様に

$$PT = PB \times \cos\theta = (x - d\tan\theta)\cos\theta$$

$$= x\cos\theta - d\sin\theta$$

ウ．アとイより，経路の差 $\varDelta$ は

$$\varDelta = SQ - PT = 2d\sin\theta$$

（x が式に含まれないことから，原子の位置のずれは経路の差に関係なく，
図 1，図 4 の状態と同様に，格子面の間隔から経路の差を考えればよいこ
とがわかる。）

エ．図 2 より，d は

$$d = \frac{a}{\sqrt{2}}$$

オ．これらの結果より，波長 λ の X 線が干渉して強め合う条件は

$$2d\sin\theta = n\lambda \qquad \therefore \quad \sin\theta = \frac{n\lambda}{2d} = \frac{\sqrt{2}\,n\lambda}{2a}$$

問題63 難易度：🙂🙂🙂▢▢

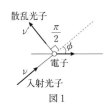

　真空中で，振動数 ν の光子が，静止している質量 m の電子に衝突して散乱され，電子が一定の速度 u で動き始めた。図1に示すように，入射光子の方向と散乱光子の方向のなす角度が $\dfrac{\pi}{2}$ のとき，光子の振動数は ν' になり，入射光子の方向と衝突後の電子の速度のなす角度は $\dfrac{\pi}{4}$ より少し小さい角度 ϕ であった。プランク定数を h，真空中の光速を c とする。

(1) 振動数 ν の光子のエネルギーと，運動量の大きさを求めよ。

(2) 衝突前後での運動量保存則を，入射光子の方向と，散乱光子の方向に分けてそれぞれ書け。

(3) 衝突前後でのエネルギー保存則を書け。

(4) u，ν，ν' をそれぞれ m，h，c，ϕ のうち必要なものを用いて表せ。

設問別難易度：(1) 🙂▢▢▢▢　(2),(3) 🙂🙂▢▢▢　(4) 🙂🙂🙂▢▢

> **Point** **光子と粒子の衝突** ≫ (2), (3)

　光子と，電子などの粒子との衝突は，力学で学んだ物体どうしの衝突と同様に考えればよい。すなわち，**運動量保存則とエネルギー保存則が成り立つ**ことを用いる。運動量はベクトルであるので，場合によっては複数の方向に分けて式を作る。ただし，光子の運動量とエネルギーは，通常の物体の場合とは異なるので注意すること。

解答 この現象はコンプトン散乱である。

(1) 公式より

$$\text{エネルギー：} h\nu \quad , \quad \text{運動量：} \frac{h\nu}{c}$$

(2) 図2のように，衝突後の電子の運動量を，入射光子と散乱光子の方向に分解する。**衝突前後でそれぞれの方向の運動量保存則**の式を書くと

$$\text{入射光子の方向：} \frac{h\nu}{c} = mu\cos\phi \quad \cdots ①$$

$$\text{散乱光子の方向：} 0 = \frac{h\nu'}{c} - mu\sin\phi \quad \cdots ②$$

(3) **衝突前の光子のエネルギーが，衝突後の光子のエネルギーと電子の運動エ**

ネルギーになるので

$$h\nu = h\nu' + \frac{1}{2}mu^2 \quad \cdots ③$$

(4) ①，②式よりそれぞれ $h\nu$，$h\nu'$ を求めて③式に代入すると

$$mcu\cos\phi = mcu\sin\phi + \frac{1}{2}mu^2$$

$u \neq 0$ として，u について解くと

$$u = 2c(\cos\phi - \sin\phi)$$

u を①，②式に代入して，ν と ν' をそれぞれ求めると

$$\nu = \frac{2mc^2\cos\phi(\cos\phi - \sin\phi)}{h}$$

$$\nu' = \frac{2mc^2\sin\phi(\cos\phi - \sin\phi)}{h}$$

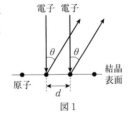

重要

問題64 難易度 : ☺☺▢▢▢

　静止している電子を電位差 V で加速した電子線（多数の電子の流れ）を，図1のように，結晶に垂直に照射した。結晶表面で散乱される電子を観測する。真空中の光速を c，電子の質量を m，電気素量を e，プランク定数を h とする。

(1)　照射される電子1個がもつエネルギーを求めよ。

(2)　加速された電子の物質波の波長 λ を求めよ。

電子 電子

θ　θ

原子　　　　　　　結晶表面

d

図1

　電子は結晶表面のみで散乱されるとする。図1は，結晶表面の隣り合う原子によって，角度 θ の方向に散乱される電子を表している。ただし，隣り合う原子の間隔は d である。

(3)　隣り合う原子によって，角度 θ の方向に散乱された電子が干渉して強め合う条件を，d，θ，λ と n（ただし $n=1$, 2, 3, ⋯）を用いて表せ。

(4)　$d=2.2\times10^{-10}$ m の結晶において，$\theta=45°$ に $n=1$ の強め合った電子が観測されるためには，V をいくらにすればよいか求めよ。ただし，$h=6.6\times10^{-34}$ J·s，$m=9.1\times10^{-31}$ kg，$e=1.6\times10^{-19}$ C とする。

ⵑ設問別難易度：(1)☺▢▢▢▢　(2),(3)☺☺▢▢▢　(4)☺☺☺▢▢

Point　物質波　≫ (2), (3)

　粒子は波としての性質をもち，これを物質波という。物質波の波長を λ，粒子の運動量を p とすると，プランク定数を h として

$$\lambda=\frac{h}{p}$$

となる。λ, p, h の関係は光子と同じであることを覚えておこう。ただし，粒子の質量を m，速度の大きさを v とすると，運動量の大きさ $p=mv$ である。また，波としての性質をもつので干渉する。干渉条件は波動の基本どおりに考えればよい。

解答　(1)　電子の電荷は $-e$ で，電位差 V で加速されるので，電子の運動エネルギーを K とすると

$$K=eV$$

(2)　加速された電子の速さを v とする。(1)より

$$K=eV=\frac{1}{2}mv^2 \quad \therefore \quad v=\sqrt{\frac{2eV}{m}}$$

電子の物質波の波長 λ は，公式より

$$\lambda = \frac{h}{mv} = \frac{h}{\sqrt{2meV}} \quad \cdots \text{①}$$

(3) 図2のように点 A，B をおく。AB が経路差で，図より AB$=d\sin\theta$ である。強め合う条件は

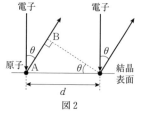

図2

$$d\sin\theta = n\lambda \quad \cdots \text{②}$$

(4) $n=1$ として，①，②式より V を求めると

$$V = \frac{h^2}{2med^2\sin^2\theta}$$

$$= \frac{(6.6\times10^{-34})^2}{2\times9.1\times10^{-31}\times1.6\times10^{-19}\times\left(2.2\times10^{-10}\times\dfrac{1}{\sqrt{2}}\right)^2}$$

$$= 61.8 \fallingdotseq 62 \text{ V}$$

原子・原子核の構造と反応

問題65 難易度：📖📖📖📖📖

原子番号 Z の原子核に向かって，α 粒子 ($_2^4$He) を入射させる。十分遠方での α 粒子の速さを v_0 とする。ただし，原子核は α 粒子に比べて十分に重く，動かないものとする。α 粒子の質量を m，電気素量を e，クーロンの法則の比例定数を k とする。

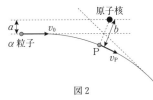
図1

図1のように，α 粒子を原子核に向かって入射させた場合について考える。

(1) α 粒子と原子核の距離が r になったときの，α 粒子の運動エネルギーを求めよ。

(2) α 粒子が原子核に最も接近したときの，原子核との距離を求めよ。

次に図2のように，十分遠方での α 粒子の速度の方向に，原子核がない場合を考える。この場合，速度の方向の延長線と原子核の距離 a を衝突径数という。α 粒子の軌道は双曲線となり，図2の点Pで原子核に最も接近する。α 粒子の軌道は，原子核とPを結ぶ直線に対して対称である。原子核とPの距離を b とする。

図2

(3) 十分遠方での α 粒子の原子核に対する面積速度は $\dfrac{1}{2}av_0$ である。Pでの α 粒子の速さを v_P とする。この α 粒子の運動でも面積速度一定の法則が成り立つことより，v_P を v_0, a, b を用いて表せ。

(4) b を Z, m, v_0, e, k, a を用いて表せ。

以上の結果より，原子核に最も近づいたときの距離 b は，衝突径数 $a=0$ のときに最も小さくなり，そのときの b は(2)で求めた値と一致することがわかる。入射する α 粒子のエネルギーを大きくしていき，α 粒子と原子核が接するほど b が小さくなると，原子核反応が起こることがある。いま，α 粒子をベリリウムの原子核 $_4^9$Be に向けて入射させる場合を考える。仮に b が 4.5×10^{-15} m になると原子核反応が起こるとする。

(5) この反応を起こすために入射させる α 粒子のエネルギーは何 MeV 以上にする必要があるか，有効数字2桁で求めよ。ただし $k=9.0\times10^9$ N・m²/C²，

$e = 1.6 \times 10^{-19}$ C とする。

∵ 設問別難易度 : (1)〜(3), (5) ▷▷▷▷▷ (4) ▷▷▷▷▷

Point | **静電気力による位置エネルギー** >> **(1)**, **(2)**, **(4)**

　原子分野では，陽子，中性子，電子，原子核などの粒子の接近，衝突の現象を扱う場合が多い。その際，電荷をもった粒子どうしでは静電気力による位置エネルギーを考える必要がある。粒子どうしの距離が無限に離れた状態を基準として，位置エネルギーは静電気力が斥力であれば正，引力であれば負であることに注意する。

解答 **(1)** α 粒子の電荷は $+2e$，原子核の電気量は $+Ze$ である。α 粒子と原子核の距離が r のとき，**静電気力による位置エネルギー**は，無限の遠方を基準として

$$\frac{k \times 2e \times Ze}{r} = \frac{2kZe^2}{r}$$

このときの α 粒子の速さを v とすると，**エネルギー保存則**より

$$\frac{1}{2}mv_0^2 + 0 = \frac{1}{2}mv^2 + \frac{2kZe^2}{r}$$

$$\therefore \quad \frac{1}{2}mv^2 = \frac{1}{2}mv_0^2 - \frac{2kZe^2}{r} \quad \cdots ①$$

(2) 図1の場合，α 粒子は**原子核に最も接近した位置で速さが0**となり，その後，逆向きに原子核から遠ざかる。ゆえに，最も近づいたときの距離を r_0 として，①式で $v=0$ とすればよいので

$$0 = \frac{1}{2}mv_0^2 - \frac{2kZe^2}{r_0} \quad \therefore \quad r_0 = \frac{4kZe^2}{mv_0^2} \quad \cdots ②$$

(3) α 粒子の軌道は原子核と P を結ぶ直線に対して対称なので，P での α 粒子の速度は，原子核と P を結ぶ直線に対して垂直な向きである。ゆえに，**P での面積速度は $\frac{1}{2}bv_P$** であるから，**面積速度一定の法則**より

$$\frac{1}{2}av_0 = \frac{1}{2}bv_P \quad \therefore \quad v_P = \frac{a}{b}v_0$$

(4) エネルギー保存則より

$$\frac{1}{2}mv_0^2 + 0 = \frac{1}{2}mv_P^2 + \frac{2kZe^2}{b}$$

v_P を代入して b を求めると

$$\frac{1}{2}mv_0^2 = \frac{1}{2}m\left(\frac{a}{b}v_0\right)^2 + \frac{2kZe^2}{b}$$

$$0 = b^2 - \frac{4kZe^2}{mv_0{}^2}b - a^2 \qquad \therefore \quad b = \frac{2kZe^2}{mv_0{}^2}\left(1 \pm \sqrt{1 + \left(\frac{mv_0{}^2a}{2kZe^2}\right)^2}\right)$$

$b > 0$ より

$$b = \frac{2kZe^2}{mv_0{}^2}\left(1 + \sqrt{1 + \left(\frac{mv_0{}^2a}{2kZe^2}\right)^2}\right)$$

参考 この式より，$a=0$ のとき最接近距離 b が最小となることがわかる。また，$a=0$ としたときは図1の状態となり，このときの b は②式の r_0 と一致する。

(5) (4)より，最接近距離 b が最小となるとき，b は(2)の r_0 となるので，②式より，α 粒子の運動エネルギーは

$$\frac{1}{2}mv_0{}^2 = \frac{2kZe^2}{r_0}$$

となる。これに，$Z=4$ と，$b=r_0=4.5 \times 10^{-15}\,\mathrm{m}$ を代入して

$$\frac{1}{2}mv_0{}^2 = \frac{2 \times 9.0 \times 10^9 \times 4 \times (1.6 \times 10^{-19})^2}{4.5 \times 10^{-15}}\,\mathrm{J}$$

$1\,\mathrm{MeV} = 1 \times 10^6\,\mathrm{eV} = 1.6 \times 10^{-13}\,\mathrm{J}$ であることも考慮して

$$\frac{1}{2}mv_0{}^2 = \frac{2 \times 9.0 \times 10^9 \times 4 \times (1.6 \times 10^{-19})^2}{4.5 \times 10^{-15} \times 1.6 \times 10^{-13}} = 2.56 \fallingdotseq 2.6\,\mathrm{MeV}$$

難易度：🖼🖼🖼🖼📄

以下の空欄のア〜クに入る適切な式と，ケ・コに入る適切な数値を答えよ。なお □ は，すでに □ で与えられたものと同じものを指す。

原子番号 Z（$Z \geq 2$）の元素の原子核に電子が1つ束縛されたイオン（水素様イオンと呼ぶ）の構造をボーアの理論を用いて考える。プランク定数を h，真空中の光速を c，クーロンの法則の比例定数を k_0，電気素量を e，電子の質量を m とする。

電気量 $-e$ の電子が，電気量 Ze の静止した原子核を中心に，速さ v，半径 r の等速円運動をしていると考える。電子にはたらく電気力の大きさは ア であるので，円運動の運動方程式は

$$\boxed{\text{イ}} = \boxed{\text{ア}} \quad \cdots ①$$

となる。電子は波としての性質をもち，速さ v の電子の波としての波長は ウ である。定常状態の電子の円軌道は，量子数を n（$n = 1, 2, 3, \cdots$）として，次の量子条件を満たす。

$$2\pi r = n \times \boxed{\text{ウ}} \quad \cdots ②$$

①，②式より，r を Z, h, k_0, e, m, n を用いて表すと

$$r = \boxed{\text{エ}} \quad \cdots ③$$

となる。また，電子と原子核の距離が r のとき，電気力による位置エネルギーは，電子と原子核の距離が十分に大きいときを基準として オ である。ゆえに，この状態で電子の運動エネルギーと電気力による位置エネルギーの和 E_n を，Z, k_0, e, r を用いて表すと，$E_n = \boxed{\text{カ}}$ となる。③式の r を代入して，E_n を，Z, h, k_0, e, m, n を用いて表すと

$$E_n = \boxed{\text{キ}}$$

となる。これより，電子が量子数 n から n'（ただし $n > n'$）の状態に移動したときに放出する光子の波長 λ は

$$\frac{1}{\lambda} = \boxed{\text{ク}} \times \left(\frac{1}{n'^2} - \frac{1}{n^2} \right)$$

を満たす。

ここで，水素原子のイオン化エネルギーを 13.6 eV，リュードベリ定数を $1.10 \times 10^7 \, \text{m}^{-1}$ とする。ただし，リュードベリ定数は，水素原子の場合の ク に相当する値である。

水素様イオンの例として，He^+ がある。He^+ で電子が量子数 $n = 1$ の基底状態にあるときのエネルギー E_1 を〔eV〕の単位で求めると，$E_1 = \boxed{\text{ケ}}$ eV となる。また，He^+ で電子が量子数 $n = 3$ から $n = 2$ の定常状態に遷移したと

きに放出される光子の波長は $\boxed{\text{コ}}$ m である。

∴設問別難易度：ア, エ〜ク ☺☺☺☺☺　イ, ウ ☺☺☺☺☺　ケ, コ ☺☺☺☺☺

Point 1 ┆ ボーアの量子条件 ≫ ウ

原子核の周囲を電子が1個だけ回るような原子では，電子の円軌道の半径と，電子の速さとの間に，水素原子で成り立つのと同じボーアの量子条件が成り立つ。つまり

円軌道の円周＝量子数 n ×電子のド・ブロイ波長

である。ただし，$n=1, 2, 3, \cdots$ とする。この条件がなぜ成り立っているのかは，考えてもわからない。自然の法則だとしか言いようがないので覚えてしまおう。

Point 2 ┆ 振動数条件 ≫ ク

原子内の電子が異なるエネルギー準位に移動するとき，より低いエネルギー準位に移動するときには光子を放出し，逆では吸収する。放出または吸収する光子のエネルギーは，エネルギー準位の差に相当する。これを振動数条件という。

解答　ア．原子核がもつ電荷の電気量は $+Ze$，電子は $-e$ なので，電気力（静電気力）は引力で，大きさはクーロンの法則より

$$\frac{k_0 \times Ze \times e}{r^2} = \frac{k_0 Ze^2}{r^2}$$

　　イ．アで求めた静電気力が向心力となるので，運動方程式は

$$\frac{mv^2}{r} = \frac{k_0 Ze^2}{r^2} \quad \cdots①$$

　　ウ．物質波の波長（ド・ブロイ波長）は，公式より

$$\frac{h}{mv}$$

　　エ．ウより，問題文中の②式は

$$2\pi r = \frac{nh}{mv} \quad \cdots②$$

　　①，②式より v を消去して r を求めると

$$r = \frac{n^2 h^2}{4\pi^2 k_0 Zme^2} \quad \cdots③$$

　　オ．電子と原子核にはたらく力が引力であることも考慮して，電子が原子核から無限の遠方にあるときを基準とした位置エネルギーは

$$-\frac{k_0 Ze^2}{r}$$

カ．電子のエネルギー E_n は，運動エネルギーと位置エネルギーの和で

$$E_n = \frac{1}{2}mv^2 - \frac{k_0 Z e^2}{r}$$

ここで，①式を用いて v を消去すると

$$E_n = \frac{k_0 Z e^2}{2r} - \frac{k_0 Z e^2}{r} = -\frac{k_0 Z e^2}{2r}$$

キ．③式の r を代入して

$$E_n = -\frac{k_0 Z e^2}{2r} = -\frac{2\pi^2 k_0{}^2 Z^2 m e^4}{n^2 h^2} \quad \cdots ④$$

ク．量子数 n と n' の状態での，それぞれの**エネルギー準位 E_n, $E_{n'}$ の差に相当するエネルギーの光子が放出**される。光子のエネルギーは $\dfrac{hc}{\lambda}$ なので

$$\frac{hc}{\lambda} = E_n - E_{n'} = -\frac{2\pi^2 k_0{}^2 Z^2 m e^4}{h^2}\left(\frac{1}{n^2} - \frac{1}{n'^2}\right)$$

$$\therefore \quad \frac{1}{\lambda} = \frac{2\pi^2 k_0{}^2 Z^2 m e^4}{ch^3}\left(\frac{1}{n'^2} - \frac{1}{n^2}\right) \quad \cdots ⑤$$

ケ．水素原子のエネルギー準位は，④式で $Z=1$ としたエネルギーに相当する。**イオン化エネルギーは，基底状態（$n=1$）にある電子を原子の外（エネルギー０）に移動させるために必要なエネルギー**なので，水素原子の場合

$$0 - \left(-\frac{2\pi^2 k_0{}^2 m e^4}{h^2}\right) = \frac{2\pi^2 k_0{}^2 m e^4}{h^2} = 13.6\,\mathrm{eV}$$

He^+ イオンは $Z=2$ なので，基底状態（$n=1$）のエネルギーは，④式より

$$E_1 = -\frac{2\pi^2 k_0{}^2 m e^4 \times 2^2}{h^2} = -13.6 \times 4 = -54.4\,\mathrm{eV}$$

コ．水素原子について，⑤式に相当する式を考える。$Z=1$ として，リュードベリ定数を R とすると

$$\frac{1}{\lambda} = \frac{2\pi^2 k_0{}^2 m e^4}{ch^3}\left(\frac{1}{n'^2} - \frac{1}{n^2}\right) = R\left(\frac{1}{n'^2} - \frac{1}{n^2}\right)$$

$$\therefore \quad R = \frac{2\pi^2 k_0{}^2 m e^4}{ch^3}$$

He^+ イオンについて，$n=3$，$n'=2$ として⑤式より，光子の波長 λ を求める。

$$\frac{1}{\lambda} = \frac{2\pi^2 k_0{}^2 m e^4 \times 2^2}{ch^3}\left(\frac{1}{2^2} - \frac{1}{3^2}\right) = 4R \times \frac{5}{36}$$

$$\therefore \quad \lambda = \frac{9}{5R} = \frac{9}{5 \times 1.10 \times 10^7} = 1.636 \times 10^{-7} \fallingdotseq 1.64 \times 10^{-7}\,\mathrm{m}$$

問題67 難易度：☆☆☆☆◽

速さ u_1 で x 軸正の向きに進む質量 M の原子がある。原子内部の電子のエネルギーは不連続な値をとり，初め基底状態（エネルギー E_1）にある。この原子に，右図(a)のように x 軸負の向きに進む振動数 ν_1 の光子を衝突させた。原子は光子を吸収して速度 u_2 となり，かつ励起状態（エネルギー E_2）となった（右図(b)）。真空中の光速を c，プランク定数を h とする。原子の速さは光速に比べて十分に小さいものとする。

(a) 原子 u_1 ν_1 光子
基底状態 ●→ ←●

(b) ● u_2
励起状態

(c) 光子 ν_3
基底状態 ● u_3 →●
x

(1) 光子を吸収する前後での，エネルギー保存則と運動量保存則の式を書け。

(2) u_1 を，M, ν_1, E_1, E_2, c, h を用いて表せ。

その後，右上図(c)のように，原子は振動数 ν_3 の光子を x 軸正の向きに放出して基底状態に戻り，速度は u_3 となった。

(3) 光子を放出する前後での，エネルギー保存則と運動量保存則の式を，それぞれ M, u_1, u_3, ν_1, ν_3, c, h のうち，必要なものを用いて書け。

(4) u_3 を M, u_1, ν_1, c, h を用いて表せ。ただし，原子の速さは光速 c を超えないことに注意せよ。

(5) 光子を放出することで，原子の運動エネルギーが初めの状態から減少するための u_1 の条件を，M, ν_1, c, h を用いて表せ。

設問別難易度：(1),(2) ☆☆☆◽◽   (3)〜(5) ☆☆☆☆◽

Point エネルギー保存則，運動量保存則 ≫ (1), (3)

原子が光子を放出または吸収するときには，原子の運動エネルギー，光子のエネルギーに，**原子のエネルギー準位も含めてエネルギーの和は保存される**。

また，**光子の運動量も含めて運動量の和も保存される**。

解答 (1) 光子1個のエネルギーは $h\nu_1$，運動量は $\dfrac{h\nu_1}{c}$ である。**エネルギーは原子のエネルギー準位も含めて保存される**ので

エネルギー保存則：$\dfrac{1}{2}Mu_1{}^2 + h\nu_1 + E_1 = \dfrac{1}{2}Mu_2{}^2 + E_2$ …①

運動量保存則：$Mu_1 - \dfrac{h\nu_1}{c} = Mu_2$ …②

(2) ①，②式より u_2 を消去して u_1 を求めると

$$u_1 = \left(\frac{E_2 - E_1}{h\nu_1} + \frac{h\nu_1}{2Mc^2} - 1 \right) c$$

(3) エネルギー保存則：光子の放出前後，すなわち，図(b)と図(c)の状態でエネルギー保存則を考えて

$$\frac{1}{2}Mu_2{}^2 + E_2 = \frac{1}{2}Mu_3{}^2 + h\nu_3 + E_1$$

①式より，左辺を u_1, E_1 を用いた形にすると

$$\frac{1}{2}Mu_1{}^2 + h\nu_1 + E_1 = \frac{1}{2}Mu_3{}^2 + h\nu_3 + E_1$$

$$\therefore \quad \frac{1}{2}Mu_1{}^2 + h\nu_1 = \frac{1}{2}Mu_3{}^2 + h\nu_3 \quad \cdots ③$$

運動量保存則：同様に，図(b)と図(c)の状態で運動量保存則を考えて

$$Mu_2 = Mu_3 + \frac{h\nu_3}{c}$$

②式も用いて

$$Mu_1 - \frac{h\nu_1}{c} = Mu_3 + \frac{h\nu_3}{c} \quad \cdots ④$$

(4) ③，④式より ν_3 を消去して u_3 を求めると

$$u_3{}^2 - 2cu_3 - u_1{}^2 + 2cu_1 - \frac{4h\nu_1}{M} = 0$$

$$\therefore \quad u_3 = \left(c \pm \sqrt{c^2 - 2cu_1 + u_1{}^2 + \frac{4h\nu_1}{M}} \right) = \left(1 \pm \sqrt{\left(1 - \frac{u_1}{c}\right)^2 + \frac{4h\nu_1}{Mc^2}} \right) c$$

$u_3 < c$ より

$$u_3 = \left(1 - \sqrt{\left(1 - \frac{u_1}{c}\right)^2 + \frac{4h\nu_1}{Mc^2}} \right) c$$

(5) 図(a)よりも図(c)の状態の原子の運動エネルギーが減少するので

$$\frac{1}{2}Mu_1{}^2 > \frac{1}{2}Mu_3{}^2$$

であればよい。(4)で求めた u_3 を代入して整理すると

$$u_1{}^2 > \left(1 - \sqrt{\left(1 - \frac{u_1}{c}\right)^2 + \frac{4h\nu_1}{Mc^2}} \right)^2 c^2$$

$$\therefore \quad c^2 \sqrt{\left(1 - \frac{u_1}{c}\right)^2 + \frac{4h\nu_1}{Mc^2}} > c^2 - cu_1 + \frac{2h\nu_1}{M}$$

さらに両辺を 2 乗して，u_1 の条件を求めると

$$u_1 > \frac{h\nu_1}{Mc}$$

問題68 難易度：◻◻◻◻◻

必要であれば，$\log_{10}2=0.301$，$\log_{10}3=0.477$ を用いて計算せよ。

A．地球の大気中には炭素の同位体として $^{12}_{6}\text{C}$ の他に微量の $^{13}_{6}\text{C}$，$^{14}_{6}\text{C}$ が存在する。$^{12}_{6}\text{C}$，$^{13}_{6}\text{C}$ は安定な同位体だが，$^{14}_{6}\text{C}$ は半減期 5.7×10^{3} 年で β 崩壊する。$^{14}_{6}\text{C}$ は，宇宙線と大気中の元素との衝突によってできた中性子が，大気中の $^{14}_{7}\text{N}$ と衝突し，以下のような反応で絶えず生成されている。

$$_{0}^{1}\text{n}+_{7}^{14}\text{N}\longrightarrow _{6}^{14}\text{C}+\boxed{}$$

その結果，$^{14}_{6}\text{C}$ の生成される数と崩壊する数が同じになり，大気中の $^{14}_{6}\text{C}$ の割合は一定を保つようになっている。生物は大気中から炭素を取り込んで生活しているので，生物が生きている間は，生物内の $^{14}_{6}\text{C}$ の割合は大気中と同じであるが，死ぬと $^{14}_{6}\text{C}$ の割合は減少していく。これを利用して，生物の生きていた年代を測定することが可能である。ある遺跡から出土した木材に含まれる $^{14}_{6}\text{C}$ の割合を調べたところ，大気中に比べて $\dfrac{1}{3}$ になっていた。

(1) 上記の核反応式の空欄に入る原子核を元素記号を用いて答えよ。

(2) 遺跡から出土した木材は，何年前まで生きていたか推定せよ。

B．天然のウランは主として $^{238}_{92}\text{U}$ からなるが，微量の $^{235}_{92}\text{U}$ も含まれる。いずれも放射性同位体で，それぞれの半減期は $^{238}_{92}\text{U}$ が 4.5×10^{9} 年，$^{235}_{92}\text{U}$ が 7.5×10^{8} 年である。

(3) $^{238}_{92}\text{U}$ は n 回の α 崩壊と，k 回の β 崩壊をして $^{206}_{82}\text{Pb}$ になる。n と k を求めよ。

(4) 現在，$^{238}_{92}\text{U}$ と $^{235}_{92}\text{U}$ の天然の存在比は $140:1$ である。4.5×10^{9} 年前の存在比を求めよ。

(5) $^{238}_{92}\text{U}$ の半減期を T とする。あるときから時間 t が経過したとき，この間に生成された $^{206}_{82}\text{Pb}$ の原子核数 N_{Pb} の，崩壊せずに残っている原子核数 N_{U} に対する比を，t，T を用いて表せ。ただし，$^{238}_{92}\text{U}$ が初めの崩壊をしたとき以後の崩壊の半減期は，T に比べて十分に短いものとする。

(6) $^{238}_{92}\text{U}$ を含むある岩石の年齢を推定したい。この岩石ができたときには鉛は含まれておらず，$^{206}_{82}\text{Pb}$ はすべて $^{238}_{92}\text{U}$ の崩壊によりできたものとする。現在，この岩石に，重量比にして 3.0×10^{-2}％ の $^{238}_{92}\text{U}$ と 1.3×10^{-2}％ の $^{206}_{82}\text{Pb}$ が含まれている。この岩石ができてからの年数を有効数字 2 桁で求めよ。ただし，原子核の質量は質量数に比例するとする。

Point 1 原子核反応 》 (1)

原子核反応の前後では,

「質量数の和（核子数の和）」と「電気量」が保存される。

原子核の崩壊も, 原子核反応の 1 種である。

Point 2 放射性崩壊 》 (2), (4), (5)

α 崩壊や β 崩壊などで崩壊する半減期 T の原子核が N_0 個あり, 時間 t 後に崩壊せずに残っている原子核の数を N 個とすると, $N = N_0 \left(\dfrac{1}{2} \right)^{\frac{t}{T}}$ となる。この式から t や T を求めるときは, 両辺の対数をとるとうまく解けることが多い。

解答 (1) 反応前の質量数の和は $1+14=15$, 電気量の和は $0+7=7$ である。**反応前後で質量数と電気量が保存される**ので, 反応後の空欄の原子核の質量数は $15-14=1$, 電気量は $7-6=1$ となり, これは原子番号 1 の水素の原子核を表す。よって ${}^{1}_{1}\mathrm{H}$

(2) 半減期を T とし, 時刻 $t=0$ のときの ${}^{14}_{6}\mathrm{C}$ の個数を N_0 とすると, 時刻 t で崩壊せずに残っている ${}^{14}_{6}\mathrm{C}$ の個数 N と N_0 の比は

$$\frac{N}{N_0} = \left(\frac{1}{2} \right)^{\frac{t}{T}}$$

生物が死んでから t 年後に ${}^{14}_{6}\mathrm{C}$ の割合が $\dfrac{1}{3}$ になっているので

$$\frac{1}{3} = \left(\frac{1}{2} \right)^{\frac{t}{T}}$$

両辺の対数をとって

$$-\log_{10} 3 = -\frac{t}{T} \log_{10} 2$$

$$\therefore \quad t = \frac{T \log_{10} 3}{\log_{10} 2} = \frac{5.7 \times 10^3 \times 0.477}{0.301} = 9.03 \times 10^3 \fallingdotseq 9.0 \times 10^3 \text{ 年}$$

(3) 質量数は α 崩壊で 4 減少し, β 崩壊では変化しないので

$$238 - 206 = 4n \quad \therefore \quad n = 8$$

原子番号は α 崩壊で 2 減少し, β 崩壊では 1 増加するので

$$92 - 82 = 2n - k \quad \therefore \quad k = 2n - 10 = 6$$

(4) 4.5×10^9 年は, それぞれの原子核の半減期と比べて

$${}^{238}_{92}\mathrm{U} \quad \frac{4.5 \times 10^9}{4.5 \times 10^9} = 1 \text{ 倍} \quad , \quad {}^{235}_{92}\mathrm{U} \quad \frac{4.5 \times 10^9}{7.5 \times 10^8} = 6 \text{ 倍}$$

なので，4.5×10^9 年前には現在の量に対して

$\quad{}^{238}_{92}\mathrm{U}\quad2^1=2$ 倍 ， $\quad{}^{235}_{92}\mathrm{U}\quad2^6=64$ 倍

だけ存在している。ゆえに，存在比は

$\quad140\times2:1\times64=35:8$

(5)　あるときの ${}^{238}_{92}\mathrm{U}$ の原子核数を N_0 とすると，時刻 t で崩壊せずに残っている ${}^{238}_{92}\mathrm{U}$ の原子核数 N_U は

$$N_\mathrm{U}=N_0\left(\frac{1}{2}\right)^{\frac{t}{T}}$$

この間に生成された ${}^{206}_{82}\mathrm{Pb}$ の原子核数 N_Pb は

$$N_\mathrm{Pb}=N_0-N_\mathrm{U}=N_0\left\{1-\left(\frac{1}{2}\right)^{\frac{t}{T}}\right\}$$

ゆえに，原子核数の比は

$$\frac{N_\mathrm{Pb}}{N_\mathrm{U}}=\frac{1-\left(\frac{1}{2}\right)^{\frac{t}{T}}}{\left(\frac{1}{2}\right)^{\frac{t}{T}}}=2^{\frac{t}{T}}-1\quad\cdots①$$

(6)　**重量比から，原子核数の比を考えると**

$$\frac{N_\mathrm{Pb}}{N_\mathrm{U}}=\frac{\dfrac{1.3\times10^{-2}}{206}}{\dfrac{3.0\times10^{-2}}{238}}=0.500$$

①式に代入して

$\quad0.500=2^{\frac{t}{T}}-1\quad\therefore\quad1.500=2^{\frac{t}{T}}$

両辺の対数をとって整理すると

$$\log_{10}1.500=\frac{t}{T}\log_{10}2\quad\therefore\quad t=\frac{\log_{10}1.500}{\log_{10}2}T$$

ここで，$\log_{10}1.500=\log_{10}\dfrac{3}{2}=\log_{10}3-\log_{10}2$ とし，さらに $T=4.5\times10^9$ 年を代入して

$$t=\frac{\log_{10}3-\log_{10}2}{\log_{10}2}T=\frac{0.477-0.301}{0.301}\times4.5\times10^9$$

$$=2.62\times10^9\fallingdotseq2.6\times10^9\text{ 年}$$

問題69 難易度：😀😀◻︎◻︎◻︎

　時間 $1\,\mathrm{s}$ に 1 個の放射性物質が崩壊して放射線が放出されるとき，この物質の放射能の強さを $1\,\mathrm{Bq}$（ベクレル）という。またアボガドロ数を 6.0×10^{23} 個/mol とする。

　半減期が T である放射性原子核がある。時刻 t において原子核数が N であるとし，時刻 t から $t+\varDelta t$ の間に崩壊する原子核数を $|\varDelta N|$ とする。

(1)　$|\varDelta N|$ を求めよ。ただし，$\varDelta t$ は T に比べて十分に小さいとし，x が微小であるときに成り立つ近似式 $1-2^{-x}\fallingdotseq0.69x$ を用いよ。

(2)　$\dfrac{|\varDelta N|}{N}$ は，時間経過とともにどうなるか。以下のア～ウの選択肢から適切なものを一つ選べ。

　　ア　大きくなる　　　　　イ　小さくなる　　　　　ウ　変わらない

　放射性同位体 $^{40}_{19}\mathrm{K}$ の半減期は 12.8 億年$=4.0\times10^{16}\,\mathrm{s}$ で，天然のカリウム中での $^{40}_{19}\mathrm{K}$ の存在比は 0.012% である。

(3)　質量 $1\,\mathrm{g}$ のカリウムの放射能の強さを求めよ。ただし，カリウムの原子量は 39 とする。

　1 個の放射性原子核が単位時間あたりに崩壊する確率を λ とする。時刻 t において原子核数が N の放射性原子核について考える。

(4)　時刻 t から微小時間 $\varDelta t$ が経過する間の，原子核数の変化量 $\varDelta N$ を求めよ。ただし，N が減少することに注意せよ。

(5)　半減期 T と λ には近似的に，$\lambda T=0.69$ の関係がある。$4.0\times10^{-8}\,\mathrm{mol}$ の $^{222}_{88}\mathrm{Ra}$ の放射能を測定すると，$3.3\times10^{5}\,\mathrm{Bq}$ であった。$^{222}_{88}\mathrm{Ra}$ の半減期は何年か求めよ。ただし，1 年$=3.15\times10^{7}\,\mathrm{s}$ とする。

設問別難易度：(1)～(4) 😀😀◻︎◻︎◻︎　(5) 😫😫😫😫◻︎

Point　放射性崩壊の性質　≫ (2), (4)

　放射性崩壊をする原子核が，単位時間に崩壊する確率は，原子核の種類により決まっており一定である。これより，微小時間 $\varDelta t$ で崩壊する数は，この確率と原子核の数，および $\varDelta t$ に比例する。また，この確率と半減期は反比例する。確率の値が大きいほど半減期は短くなり，小さいほど長くなる。

解答　(1)　時刻 t から時間 $\varDelta t$ 後の原子核数を N' とすると

$$N'=N\left(\frac{1}{2}\right)^{\frac{\varDelta t}{T}}$$

ゆえに，この間に崩壊した原子核数$|\Delta N|$は

$$|\Delta N| = N - N' = N\left\{1 - \left(\frac{1}{2}\right)^{\frac{\Delta t}{T}}\right\} = N\left(1 - 2^{-\frac{\Delta t}{T}}\right) \quad \cdots ①$$

ここで，$\dfrac{\Delta t}{T} \ll 1$ なので，近似式を用いると

$$|\Delta N| \fallingdotseq N \times 0.69 \times \frac{\Delta t}{T} = \frac{0.69 N \Delta t}{T} \quad \cdots ②$$

(2) ①式より，Nに対する$|\Delta N|$の比は

$$\frac{|\Delta N|}{N} = 1 - 2^{-\frac{\Delta t}{T}}$$

右辺は一定値であるので，この比は変化しないことがわかる。

よって　　**ウ　変わらない**

（②式から考えても同様である。）

(3) 1g のカリウムに含まれる $^{40}_{19}\text{K}$ 原子核の数 N は

$$N = \frac{1}{39} \times 6.0 \times 10^{23} \times \frac{0.012}{100}$$

時間 1s は半減期に比べて十分に小さいので，②式を用いる。**1s で崩壊する数が放射能の強さ**なので，$\Delta t = 1\text{s}$ として

$$|\Delta N| = 0.69 \times \frac{1}{39} \times 6.0 \times 10^{23} \times \frac{0.012}{100} \times \frac{1}{4.0 \times 10^{16}} = 31.8 \fallingdotseq 32\,\text{Bq}$$

(4) **崩壊する原子核数は，確率 λ，原子核数 N，時間 Δt に比例**する。原子核が崩壊する分だけ N が減少するので，$\Delta N < 0$ であることに注意して

$$\Delta N = -N \lambda \Delta t \quad \cdots ③$$

(5) $\Delta t = 1\text{s}$ としたとき，$|\Delta N| = 3.3 \times 10^5$ 個/s である。③式より λ を求めると

$$\lambda = \left|\frac{\Delta N}{N \Delta t}\right| = \frac{3.3 \times 10^5}{4.0 \times 10^{-8} \times 6.0 \times 10^{23} \times 1}$$

問題文中の式より

$$T = \frac{0.69}{\lambda} = \frac{0.69 \times 4.0 \times 10^{-8} \times 6.0 \times 10^{23}}{3.3 \times 10^5}\,\text{s}$$

1 年 $= 60 \times 60 \times 24 \times 365 \fallingdotseq 3.15 \times 10^7\,\text{s}$ より

$$T = \frac{0.69 \times 4.0 \times 10^{-8} \times 6.0 \times 10^{23}}{3.3 \times 10^5 \times 3.15 \times 10^7}\,\text{年}$$

$$= 1.59 \times 10^3\,\text{年} \fallingdotseq 1.6 \times 10^3\,\text{年}$$

参考　③式の微分方程式を解くと以下のようになる。

$$dN = -N \lambda dt$$

$$\frac{dN}{N} = -\lambda dt$$

両辺を積分する。積分定数を C として

$$\int \frac{dN}{N} = -\lambda \int dt$$

$$\log N = -\lambda t + C$$

$$\therefore \quad N = C'e^{-\lambda t} \qquad \text{ただし,} \ C' = e^C$$

ここで,時刻 $t=0$ で,原子核数 $N = N_0$ として

$$N_0 = C'e^{-\lambda \times 0} \qquad \therefore \quad C' = N_0$$

これより,時刻 t での原子核数 N は

$$N = N_0 e^{-\lambda t} \quad \cdots ④$$

となる。さらに,半減期 $t=T$ で,$N = \dfrac{N_0}{2}$ となるので

$$\frac{N_0}{2} = N_0 e^{-\lambda T} \qquad \therefore \quad e^{-\lambda T} = \frac{1}{2} \quad \cdots ⑤$$

である。④式を変形して,⑤式を代入すると

$$N = N_0 (e^{-\lambda T})^{\frac{t}{T}} = N_0 \left(\frac{1}{2} \right)^{\frac{t}{T}}$$

となり,放射性崩壊の公式になる。また⑤式の両辺の対数をとると

$$\lambda T = \log_e 2 \fallingdotseq 0.69$$

となり,問題文に与えられた λ と T の関係が求められる。

問題70 難易度：🙁🙁🙁⬜⬜

重要

速度の遅い中性子（熱中性子という）を $^{235}_{92}U$ に衝突させると，核分裂反応が起こり，エネルギーが発生する。分裂の一例として，以下のような反応がある。

$$^{235}_{92}U + ^{1}_{0}n \longrightarrow ^{144}_{56}Ba + ^{89}_{36}Kr + \boxed{} \times ^{1}_{0}n$$

(1) 上記の核反応式の $\boxed{}$ に入る適切な数値を答えよ。

原子炉の中では，このような反応により発生した速度の速い中性子の一部が，水素，重水素あるいは炭素などとの衝突により減速されて熱中性子となり，再び $^{235}_{92}U$ に衝突して核分裂をすることで反応が継続する。中性子と原子核の衝突について考えてみる。

右図に示すように，速さ v_0 で質量 m の中性子が，静止している質量 M の原子核と衝突し，中性子は角度 θ の方向に速さ v_1 で，原子核は角度 α の方向に速さ V で動く場合を考える。この衝突は完全弾性衝突であるとし，また $M>m$ とする。

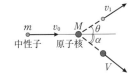

(2) 運動量保存則の式を，中性子の入射方向とそれに垂直な方向の成分に分けて書け。

(3) 中性子と原子核の間に衝突前後で成り立つエネルギー保存則の式を書け。

(4) (2), (3)の結果から α, V を消去して，v_1 を m, M, θ, v_0 で表せ。

(5) 中性子が衝突後に入射方向と逆向き（$\theta=180°$）に進む場合，中性子の衝突後の運動エネルギー E_1 と衝突前の運動エネルギー E_0 の比 $\dfrac{E_1}{E_0}$ を求めよ。

(6) 中性子が(5)と同じような衝突を n 回繰り返した場合，n 回衝突後の運動エネルギー E_n と初めの運動エネルギー E_0 との比 $\dfrac{E_n}{E_0}$ を求めよ。

(7) (6)の過程で，2.0 MeV の運動エネルギーをもつ中性子が，重水素の原子核 $^{2}_{1}H$ との衝突によって 0.025 eV となるまで減速されるためには，何回衝突を繰り返さなければならないか。整数で答えよ。ただし，中性子および重水素の原子核の質量は，質量数に比例するものとする。また，必要ならば，以下の数値を用いよ。

$$\log_{10}2=0.3010, \ \log_{10}3=0.4771, \ \log_{10}5=0.6990$$

設問別難易度：(1)🙁⬜⬜⬜⬜　(2), (3)🙁🙁⬜⬜⬜　(4)〜(7)🙁🙁🙁⬜⬜

原子核，陽子，中性子などの衝突は，力学で学んできた質量のある粒子の衝突として扱えばよい。つまり，「運動量保存則」と「エネルギー保存則」が成り立つ。ただし，エネルギーには，各粒子の運動エネルギーの他に，電気力（静電気力）による位置エネルギーや，核反応で発生したエネルギー，原子のエネルギー準位の変化などを含む場合がある。

解答 **(1)** $\boxed{}$ には，反応で発生する中性子数が入る。**反応の前後で質量数が保存される**ので，発生する中性子数 k は

$$235+1=144+89+k \qquad \therefore \quad k=3$$

(2) 入射方向：$mv_0=mv_1\cos\theta+MV\cos\alpha$ …①

垂直方向：$0=mv_1\sin\theta-MV\sin\alpha$ …②

(3) 中性子は電荷をもたないので電気力ははたらかず，電気力による位置エネルギーはない。ゆえに，**運動エネルギーだけで保存則を考えればよい**。

$$\frac{1}{2}mv_0^2=\frac{1}{2}mv_1^2+\frac{1}{2}MV^2 \quad \text{…③}$$

(4) ①，②式を以下のように変形する。

①式：$mv_0-mv_1\cos\theta=MV\cos\alpha$

②式：$mv_1\sin\theta=MV\sin\alpha$

それぞれを 2 乗して足して整理すると

$$(mv_0-mv_1\cos\theta)^2+(mv_1\sin\theta)^2=(MV\cos\alpha)^2+(MV\sin\alpha)^2$$
$$m^2(v_0^2-2v_0v_1\cos\theta+v_1^2)=M^2V^2$$

この式と③式より V を消去して

$$v_1^2-\frac{2m\cos\theta}{M+m}v_0v_1-\frac{M-m}{M+m}v_0^2=0$$

$$\therefore \quad v_1=\frac{m\cos\theta\pm\sqrt{M^2-m^2+m^2\cos^2\theta}}{M+m}v_0$$

$$=\frac{m\cos\theta\pm\sqrt{M^2-m^2\sin^2\theta}}{M+m}v_0$$

$M>m$ より，$m\cos\theta<\sqrt{M^2-m^2+m^2\cos^2\theta}$ である。$v_1>0$ なので

$$v_1=\frac{m\cos\theta+\sqrt{M^2-m^2\sin^2\theta}}{M+m}v_0 \quad \text{…④}$$

(5) ④式に $\theta=180°$ を代入して

$$v_1=\frac{m\cos180°+\sqrt{M^2-m^2\sin^2180°}}{M+m}v_0=\frac{M-m}{M+m}v_0$$

これより，運動エネルギーの比は

$$\frac{E_1}{E_0} = \frac{\frac{1}{2}mv_1^2}{\frac{1}{2}mv_0^2} = \left(\frac{v_1}{v_0}\right)^2 = \left(\frac{M-m}{M+m}\right)^2$$

(6) 同じ衝突を繰り返す場合，衝突のたびに速さが $\dfrac{M-m}{M+m}$ 倍になり，エネルギーは $\left(\dfrac{M-m}{M+m}\right)^2$ 倍になる。ゆえに，n 回繰り返した場合

$$\frac{E_n}{E_0} = \left(\frac{M-m}{M+m}\right)^{2n} \quad \cdots ⑤$$

(7) M，m は質量数に比例するので

$$\frac{M-m}{M+m} = \frac{2-1}{2+1} = \frac{1}{3}$$

⑤式で，$E_0 = 2.0\,\mathrm{MeV} = 2.0 \times 10^6\,\mathrm{eV}$ として，$E_n = 0.025\,\mathrm{eV}$ 以下になる n を求めればよいので

$$\frac{0.025}{2.0 \times 10^6} \geqq \left(\frac{1}{3}\right)^{2n}$$

$$\frac{1}{8} \times 10^{-7} \geqq \left(\frac{1}{3}\right)^{2n}$$

両辺の対数をとって

$$-3\log_{10}2 - 7 \geqq -2n \times \log_{10}3$$

$$\therefore \quad n \geqq \frac{7 + 3\log_{10}2}{2 \times \log_{10}3} = \frac{7 + 3 \times 0.3010}{2 \times 0.4771} = 8.2$$

n は整数なので，条件を満たすのは $\quad n = 9\ 回$

参考 $\quad \dfrac{0.025}{2.0 \times 10^6} \geqq \left(\dfrac{1}{3}\right)^{2n}$

$$\frac{5}{4} \times 10^{-8} \geqq \left(\frac{1}{3}\right)^{2n}$$

両辺の対数をとって

$$\log_{10}5 - 2\log_{10}2 - 8 \geqq -2n \times \log_{10}3$$

$$\therefore \quad n \geqq \frac{8 + 2\log_{10}2 - \log_{10}5}{2 \times \log_{10}3} = \frac{8 + 2 \times 0.3010 - 0.6990}{2 \times 0.4771} = 8.2$$

として求めてもよい。

問題71　難易度：▷▷▷□□

原子番号 Z，質量数 A の原子核がある。原子核の質量は M である。また，陽子と中性子の質量をそれぞれ m_p，m_n，真空中の光速を c とする。

原子核の質量は，それを構成する陽子と中性子の質量の和より小さく，その差を質量欠損という。質量とエネルギーの等価関係より，質量欠損に相当するエネルギーが原子核の結合エネルギーとなる。

(1) この原子核の質量欠損を求めよ。

(2) この原子核の核子1個あたりの結合エネルギーを求めよ。

静止している質量数 A_1 の原子核1に中性子を衝突させると，原子核は中性子を吸収して不安定になり，質量数がそれぞれ A_2，A_3 の原子核2，3に分裂し，同時に3個の中性子が発生した。原子核1，2，3の核子1個あたりの結合エネルギーはそれぞれ e_1，e_2，e_3 である。以後，陽子と中性子の質量はほぼ等しく，どちらの質量も m として考えるものとする。

原子核1の質量を M_1 とする。

(3) M_1 を求めよ。

(4) この反応で発生するエネルギー Q を求めよ。

原子核2，3の質量をそれぞれ M_2，M_3 とする。

(5) (3)，(4)で求めた結果をもとに，Q を，c，m，M_1，M_2，M_3 を用いて表せ。

$^{235}_{92}\mathrm{U}$ に中性子を衝突させた核分裂反応の一例として以下のような反応がある。

$$^{235}_{92}\mathrm{U} + {}^{1}_{0}\mathrm{n} \longrightarrow {}^{140}_{54}\mathrm{Xe} + {}^{93}_{38}\mathrm{Sr} + 3{}^{1}_{0}\mathrm{n}$$

ここで，$^{235}_{92}\mathrm{U}$，$^{140}_{54}\mathrm{Xe}$，$^{93}_{38}\mathrm{Sr}$，$^{1}_{0}\mathrm{n}$ の質量をそれぞれ 235.0439 u，139.9214 u，92.9138 u，1.0087 u とし，$c=3.00\times10^8$ m/s，統一原子質量単位 $1\,\mathrm{u}=1.66\times10^{-27}$ kg，電気素量 $e=1.60\times10^{-19}$ C とする。

(6) 1 u の質量をエネルギーに換算すると何 MeV か。有効数字2桁で求めよ。

(7) この反応で発生するエネルギー Q は何 MeV か。有効数字2桁で求めよ。

設問別難易度：(1),(2) ▷▷□□□　(3),(4),(6),(7) ▷▷▷□□　(5) ▷▷▷▷□

Point 1　結合エネルギー　》 (1)～(3)

原子核内の核子（陽子，中性子）は非常に強い力で結合しているので，仮に核子をバラバラの状態にすることを考えると，非常に大きなエネルギーを外から加える必要がある。このエネルギーを結合エネルギーという。結合エネルギーの値 E は正の値であるが，核子がバラバラの状態を基準とし，原子核の位置エネルギーは $-E$ で，

負となっていると考えるとわかりやすい。つまり，核子をバラバラにするには外から大きさ E のエネルギーを与えなければならない。逆に，バラバラの核子を原子核に構成すると，大きさ E のエネルギーが放出される。

Point 2 原子核反応で発生するエネルギーの計算方法 ≫ (4), (5), (7)

原子核反応で発生する**エネルギー Q** の計算方法は，以下の2通りと考えればよい。

① Q＝反応前後の**結合エネルギーの増加分**
② Q＝反応前後の**質量の減少分**×光速^2

ただし，2つの計算方法の原理は同じであることを本問で学んでほしい。なお，Q が負となった場合は，吸熱反応である。

解答　**質量とエネルギーは等価関係**にあり，質量 m をエネルギー E に換算すると，真空中の光速を c として

$$E=mc^2$$

である。

(1)　この原子核は Z **個の陽子**と，$A-Z$ **個の中性子**からなる。ゆえに，質量欠損を Δm とすると

$$\Delta m=Zm_\mathrm{p}+(A-Z)m_\mathrm{n}-M$$

(2)　結合エネルギーを E とすると

$$E=\Delta mc^2=\{Zm_\mathrm{p}+(A-Z)m_\mathrm{n}-M\}c^2$$

核子数＝質量数は A なので，核子1個あたりの結合エネルギーを e とすると

$$e=\frac{E}{A}=\frac{\{Zm_\mathrm{p}+(A-Z)m_\mathrm{n}-M\}c^2}{A}$$

(3)　**原子核1の結合エネルギーは A_1e_1 で，質量に換算すると** $\dfrac{A_1e_1}{c^2}$ **となる。**

原子核の質量は，原子核を構成する核子の質量の和よりも，結合エネルギーの分だけ小さくなるので

$$M_1=A_1m-\frac{A_1e_1}{c^2}=A_1\left(m-\frac{e_1}{c^2}\right)\quad\cdots①$$

(4)　反応の前後での**結合エネルギーの増加分**が，反応で発生するエネルギー Q となる。中性子は単独の粒子なので結合エネルギーは0であることに注意して

$$Q=A_2e_2+A_3e_3-A_1e_1\quad\cdots②$$

(5)　①式より，原子核1の結合エネルギー A_1e_1 は

$$A_1 e_1 = (A_1 m - M_1) c^2$$

同様に，原子核 2，3 の結合エネルギーを求めると

$$A_2 e_2 = (A_2 m - M_2) c^2 \quad , \quad A_3 e_3 = (A_3 m - M_3) c^2$$

これらを②式に代入し

$$Q = (A_2 m - M_2) c^2 + (A_3 m - M_3) c^2 - (A_1 m - M_1) c^2$$
$$= \{ M_1 - M_2 - M_3 - (A_1 - A_2 - A_3) m \} c^2 \quad \cdots ③$$

この反応では，原子核 1 に中性子が 1 個衝突し，原子核 2，3 と 3 個の中性子ができる。**反応の前後で核子数が保存されるので**

$$A_1 + 1 = A_2 + A_3 + 3 \quad \therefore \quad A_1 - A_2 - A_3 = 2$$

これを③式に代入して

$$Q = (M_1 - M_2 - M_3 - 2m) c^2 \quad \cdots ④$$

(参考) 原子核 1 と中性子 1 個から，原子核 2，3 と中性子 3 個が生じるので，反応前の質量は $M_1 + m$，反応後の質量は $M_2 + M_3 + 3m$ である。**反応前後の質量の減少から Q を求めると**

$$Q = \{ (M_1 + m) - (M_2 + M_3 + 3m) \} c^2 = (M_1 - M_2 - M_3 - 2m) c^2$$

となり，④式と一致する。

(6) 質量 $1\,\mathrm{u} = 1.66 \times 10^{-27}\,\mathrm{kg}$ をエネルギーに換算すると

$$1.66 \times 10^{-27} \times (3.00 \times 10^8)^2 = 1.494 \times 10^{-10}\,\mathrm{J}$$
$$= \frac{1.494 \times 10^{-10}}{1.60 \times 10^{-19}}\,\mathrm{eV}$$
$$= 9.33 \times 10^8\,\mathrm{eV} \fallingdotseq 9.3 \times 10^2\,\mathrm{MeV}$$

(7) ④式にしたがって計算する。質量の変化は

$$235.0439 - 139.9214 - 92.9138 - 2 \times 1.0087 = 0.1913\,\mathrm{u}$$

これと，(6)の結果より

$$Q = 0.1913 \times 9.33 \times 10^2 = 1.78 \times 10^2 \fallingdotseq 1.8 \times 10^2\,\mathrm{MeV}$$

問題72 難易度：🙂🙂🙂⬜⬜

重水素 $^2_1\mathrm{H}$ の原子核と三重水素 $^3_1\mathrm{H}$ の原子核を衝突させると，核融合反応が起こり，ヘリウム $^4_2\mathrm{He}$ の原子核と中性子 $^1_0\mathrm{n}$ が生じる。各原子核の核子1個あたりの結合エネルギーは，$^2_1\mathrm{H}$ が 1.11 MeV，$^3_1\mathrm{H}$ が 2.95 MeV，$^4_2\mathrm{He}$ が 7.08 MeV である。

(1) この核融合反応で，1回の反応あたりに発生するエネルギーは何 MeV か。有効数字3桁で求めよ。

静止している $^3_1\mathrm{H}$ の原子核に，運動エネルギー E の $^2_1\mathrm{H}$ の原子核を衝突させて，上記の核融合反応を引き起こす。反応で発生するエネルギーを Q とする。反応前後の各粒子の運動は一直線上で，反応後の $^4_2\mathrm{He}$ は，$^2_1\mathrm{H}$ の速度と同じ向きに大きさ p_α の運動量，中性子は反対向きに大きさ p_n の運動量をもつとする。中性子の質量を m とし，各粒子の質量は，それぞれの質量数に比例するものとする。

(2) 衝突前の $^2_1\mathrm{H}$ の原子核の運動量の大きさを，m, E を用いて表せ。

(3) この反応における運動量保存則の式を書け。

(4) この反応の前後で，エネルギーの関係を表す式を書け。

(5) p_α を，m, E, Q を用いて表せ。

設問別難易度：(1),(2) 🙂🙂⬜⬜⬜　(3)～(5) 🙂🙂🙂⬜⬜

Point 1 粒子の運動量と運動エネルギー ≫ (2), (4)

質量 m の粒子の運動量が p，運動エネルギーが E のとき，粒子の速さを v として，$E=\dfrac{1}{2}mv^2$, $p=mv$ なので，p と E には

$$p=\sqrt{2mE} \quad , \quad E=\dfrac{p^2}{2m}$$

の関係がある。原子分野ではよく用いられるので慣れておこう。

Point 2 原子核反応で発生するエネルギー ≫ (4)

原子核反応で発生するエネルギーは非常に大きい場合が多いが，このエネルギーは，反応後，発生した粒子の運動エネルギーになると考えればよい。つまり，原子核反応では，反応後の粒子の運動エネルギーが非常に大きくなる場合が多い。

解答 (1) 結合エネルギーの変化量が, 核融合反応で発生するエネルギーとなる。各原子核の**結合エネルギーは核子1個あたりの結合エネルギーに質量数をかけて求める。**ゆえに

$$7.08 \times 4 - (1.11 \times 2 + 2.95 \times 3) = 17.25 \fallingdotseq 17.3 \, \text{MeV}$$

(2) $_1^2\text{H}$ の速さを v とする。$_1^2\text{H}$ の質量は $2m$ としてよいので

$$E = \frac{1}{2} \cdot 2mv^2 \qquad \therefore \quad v = \sqrt{\frac{E}{m}}$$

よって, $_1^2\text{H}$ の運動量を p とすると

$$p = 2mv = 2\sqrt{mE}$$

参考 質量 M の粒子の速さが v のとき, 粒子の運動量 p と運動エネルギー E はそれぞれ

$$p = Mv \quad , \quad E = \frac{1}{2}Mv^2$$

これより v を消去して, p と E の関係をまとめると

$$p = \sqrt{2ME} \quad , \quad E = \frac{p^2}{2M}$$

(3) 中性子の速度が, 反応前の $_1^2\text{H}$ の速度と逆向きであることを考慮すると, **運動量保存則**の式は, (2)で求めた p も用いて

$$p = p_\alpha - p_n \qquad \therefore \quad 2\sqrt{mE} = p_\alpha - p_n \quad \cdots ①$$

(4) $_2^4\text{He}$ と中性子の運動エネルギーを, それぞれ p_α, p_n で表すと

$$_2^4\text{He} : \frac{p_\alpha{}^2}{2 \cdot 4m} = \frac{p_\alpha{}^2}{8m} \quad , \quad _0^1\text{n} : \frac{p_n{}^2}{2m}$$

となる。反応前の $_1^2\text{H}$ の運動エネルギー E と反応で発生するエネルギー Q の和が, 反応後の $_2^4\text{He}$ と中性子の運動エネルギーの和となるので

$$E + Q = \frac{p_\alpha{}^2}{8m} + \frac{p_n{}^2}{2m} \quad \cdots ②$$

(5) ①, ②式より p_n を消去して, p_α を求める。$p_\alpha > 0$ も考慮して

$$p_\alpha{}^2 - \frac{16\sqrt{mE}}{5}p_\alpha - \frac{8m}{5}(Q - E) = 0$$

$$p_\alpha = \frac{8\sqrt{m}}{5}\left(\sqrt{E} + \sqrt{\frac{3E + 5Q}{8}}\right)$$

出典一覧 ※以下に記載のない問題は，すべてオリジナル問題です。

本書に掲載されている入試問題の解答・解説は，出題校が公表したものではありません。

....

　本書は，いろいろな人の協力によって完成させることができました。何より，清風南海高等学校の生徒たちが，まじめに私の授業に取り組んでくれたおかげです。授業を通じて私が得たものが，この本になっていると思っています。また，編集者の増岡千裕さんには大変お世話になりました。
　昼間の勤務を終えてからの執筆作業でしたが，家族の支えもあり完成させることができました。妻に感謝します。大学生と高校生になった息子たちは，問題の選定や難易度，解説のわかりやすさなどについて，有益な意見を言ってくれるようになり，とても助かりました。息子たちの成長に驚くと同時に感謝します。

折 戸 正 紀